陆相页岩油可动用性评价研究与效益开发实践丛书

陆相页岩油
微观界面力学机理及可动用性评价

金　旭　孟思炜　杨　柳　王晓琦　高玉兵　陶嘉平　刘　畅　著

石油工业出版社

内 容 提 要

本书在对中国陆相页岩油进行介绍的基础上,介绍了储层储集空间结构及原油赋存状态、岩石矿物—油滴间离子水合桥机理、岩石矿物—油滴间离子水合桥纳米力学实验研究、岩石矿物与原油间作用力的定量评价、超临界 CO_2—矿物—孔隙原油相互作用、陆相页岩油可动用性微观综合评价等内容。

本书可供页岩油领域研究和管理人员使用,也可供高等院校相关专业师生参考。

图书在版编目（CIP）数据

陆相页岩油微观界面力学机理及可动用性评价/金旭等著．—北京：石油工业出版社，2023.1

（陆相页岩油可动用性评价研究与效益开发实践丛书）

ISBN 978-7-5183-5374-3

Ⅰ.①陆⋯ Ⅱ.①金⋯ Ⅲ.①陆相–油页岩–油气勘探 Ⅳ.① P618.130.8

中国版本图书馆 CIP 数据核字（2022）第 082164 号

出版发行：石油工业出版社
　　　　　（北京安定门外安华里 2 区 1 号　100011）
　　　　　网　址：www.petropub.com
　　　　　编辑部：（010）64523825　图书营销中心：（010）64523633
经　销：全国新华书店
印　刷：北京中石油彩色印刷有限责任公司

2023 年 1 月第 1 版　2023 年 1 月第 1 次印刷
787×1092 毫米　开本：1/16　印张：9
字数：200 千字

定价：100.00 元
（如出现印装质量问题，我社图书营销中心负责调换）
版权所有，翻印必究

FOREWORD

序

  页岩油是油气增储上产的重要战略接替资源。美国通过工程技术进步实现页岩油气规模效益开发，引发了页岩革命，实现了自身能源独立，改变了世界能源格局。我国页岩油地质储量丰富，开发潜力巨大，能否实现规模化效益开发决定着我国油气行业的可持续发展水平，也直接影响着我国能源安全保障能力。

  优越的资源禀赋条件是美国页岩油成功开发实践的基础。与美国海相沉积形成的页岩油藏相比，我国陆相沉积为主的页岩油成藏规模相对较小，主要分布在10个盆地、30余个区带或凹陷中，美国成熟的开发经验难以直接复制和照搬。如何科学评判我国页岩油藏的可动用能力、开发潜力与工业价值，设计针对性的实验体系、开发方案和效益评估方法，从中找到最具开发价值的页岩层系，是页岩油规模效益开发的关键问题。

  该书梳理了我国陆相页岩油的开发现状与面临挑战，阐明了页岩层系岩石矿物与油滴间的微观界面力学作用机理，以及其对页岩油可动用和流动性能的影响机制；明确了页岩油资源可动用性概念和内涵，提出了衡量页岩油开发价值的重要参考指标体系，依据页岩油资源禀赋特点对可动用性评价方法及流程形成集成创新，率先从微观角度、在同一实验平台上对国内主要陆相页岩油藏资源可动用性开展综合对比评价研究，明确了我国主要陆相页岩油藏资源可动用能力，探索了影响页岩油藏资源可动用性的主控因素，可为不同类型页岩油藏针对性的开发方案设计提供指导。

  该书图文并茂，以曲线、图表、图片等多种表现形式，生动形象地展现了页岩油微观界面力学与可动用性评估领域最前沿的研究成果，将为我国陆相页岩油规模化效益开发提供很好的理论支撑和实践参考。我认为该书对我国从事陆相页岩油勘探开发研究的科技工作者有所裨益，能够给人以启迪，进一步为科技工作者开阔视野、更新思维，具有很强的使用价值，是一本值得反复研读的好书。

页岩油效益勘探开发道阻但已见曙光,未来一定可期。我相信在各大油公司与各领域科技工作者的执着努力与不懈奋斗下,我国陆相页岩油的勘探开发必能实现重大突破,支撑我国原油 2 亿吨稳产与进一步规模化上产,保障国家能源安全和高质量发展。

中国工程院院士

PREFACE

前言

  页岩油是指以页岩为主的页岩层系中所含的石油资源，其中包括泥页岩孔隙和裂缝中的石油，也包括泥页岩层系中的致密碳酸岩或碎屑岩邻层和夹层中的石油资源。区别于北美的海相页岩油，国内页岩油主要是陆相页岩油。由于近年来我国原油对外依存度持续提高，与国家能源战略相悖，与此同时，国内新探明低渗透/特低渗透油田储量超 $80 \times 10^8 t$，占总探明储量的 70% 以上，储量丰富，是现阶段极具现实意义的接替资源，将对中国原油自给供应的长期安全形成重大支撑。在此基础上，如何提高页岩油采收率，实现高效开采，具有重要意义。

  笔者长期从事非常规能源相关的岩石力学和渗流力学问题研究，尤其对研究页岩油微观机理下的运移积累了很多工作经验，基于此编撰了此书。全书共 7 章，第 1 章分析了国内页岩油开采背景及其所面临的问题，第 2 章分析了储层储集空间结构及原油赋存状态，第 3 章介绍了岩石矿物—油滴间离子水合桥机理，第 4 章介绍了岩石矿物—油滴间离子水合桥纳米力学实验研究，第 5 章介绍了岩石矿物与原油间作用力的定量评价，第 6 章介绍了超临界 CO_2—矿物—孔隙原油相互作用，第 7 章介绍了陆相页岩油可动用性微观综合评价。同时，本书在编写过程中加入了实验验证，便于读者加深理解，掌握页岩油微观界面的力学机理和可动用性评价方法。其中，第 1 章、第 2 章由中国石油勘探开发研究院孟思炜等撰写，第 3 章至第 5 章由中国石油勘探开发研究院金旭等撰写，第 6 章、第 7 章由中国石油勘探开发研究院陶嘉平等撰写。本书的撰写出版得到黑龙江省揭榜挂帅项目"古龙页岩油相态、渗流机理及地质工程一体化增产改造研究""古龙页岩储层成岩动态演化过程与孔缝耦合关系研究"的资助，以及大庆油田院士工作站、中国矿业大学（北京）、中国石油大学（北京）的大力帮助，在此表示衷心的感谢。

  由于笔者水平有限，书中不免有不妥和疏漏之处，敬请读者批评指正。

目录

第1章 绪论
- 1.1 中国陆相页岩油与北美海相页岩油的差异 …………………………………… 1
- 1.2 中国陆相页岩油勘探进展及资源潜力 …………………………………… 4
- 1.3 中国陆相页岩油发展面临的风险与挑战 …………………………………… 6
- 参考文献 …………………………………… 8

第2章 储层储集空间结构及原油赋存状态
- 2.1 页岩微观形貌表征 …………………………………… 10
- 2.2 页岩微观矿物分布 …………………………………… 15
- 2.3 页岩激光颗粒粒度特征 …………………………………… 17
- 2.4 电子束荷电效应可动油分布定量评价方法 …………………………………… 19
- 2.5 原油分布定量评价 …………………………………… 21
- 2.6 原油成分 …………………………………… 23
- 2.7 原油分布特征 …………………………………… 25
- 2.8 原油分布主控因素 …………………………………… 29
- 参考文献 …………………………………… 35

第3章 岩石矿物—油滴间离子水合桥机理
- 3.1 阳离子类型对极性物质—岩石间相互作用的影响机制 …………………………………… 38
- 3.2 油滴—岩石间离子水合桥的微观构象 …………………………………… 40
- 3.3 页岩孔隙中复杂流体与岩石表面的微观作用机理研究 …………………………………… 43
- 3.4 离子水合桥第一性原理模拟研究 …………………………………… 46
- 3.5 离子水合桥机理结论 …………………………………… 51
- 参考文献 …………………………………… 52

第 4 章　岩石矿物—油滴间离子水合桥纳米力学实验研究

  4.1　纳米力学实验材料 …………………………………………………………… 54
  4.2　纳米力学实验仪器 …………………………………………………………… 54
  4.3　纳米力学实验方法 …………………………………………………………… 57
  4.4　纳米力学实验内容 …………………………………………………………… 59
  4.5　纳米力学实验结果与讨论 …………………………………………………… 60
  参考文献 …………………………………………………………………………… 65

第 5 章　岩石矿物与原油间作用力的定量评价

  5.1　多组分岩石分子动力学建模 ………………………………………………… 67
  5.2　沥青质沉积对纳米孔隙内轻质油分输运的影响 …………………………… 72
  5.3　储层黏土壁面润湿性研究 …………………………………………………… 80
  参考文献 …………………………………………………………………………… 87

第 6 章　超临界 CO_2—矿物—孔隙原油相互作用

  6.1　超临界 CO_2 在页岩油开发中的显著优势 ………………………………… 90
  6.2　CO_2 与页岩微观相互作用分析 …………………………………………… 91
  6.3　CO_2 对页岩力学性质影响分析 …………………………………………… 98
  6.4　CO_2 浸泡下页岩岩石力学响应机制与裂缝扩展特征 …………………… 105
  6.5　超临界 CO_2 与原油作用机制研究 ………………………………………… 110
  参考文献 …………………………………………………………………………… 117

第 7 章　陆相页岩油可动用性微观综合评价

  7.1　页岩油可动用性评价方法 …………………………………………………… 119
  7.2　储层有效性评价 ……………………………………………………………… 120
  7.3　储层含油性与页岩油可动性评价 …………………………………………… 124
  7.4　储层可改造性评价 …………………………………………………………… 129
  7.5　可动用性特征分析 …………………………………………………………… 132
  参考文献 …………………………………………………………………………… 134

第 1 章

绪论

改革开放以来，我国经济快速发展，经济实力迅速提升，对石油进口依赖持续增加。截至 2018 年底，我国石油超过 70% 以上依赖进口。国内大部分油田产量进入衰退期，资源质量差、采收率低、单井产量低、稳产期短，想要增加产量需要克服很大的难关[1]，这更加剧了对外石油的依赖程度。在找到大规模的替代资源之前，页岩油开发是未来很长一段时间内稳定油气生产的重要领域，这将为中国原油自给自足供应的长期安全提供重要支持[2]。

由于陆相页岩油领域地质认识、勘探目标选择、评价依据、技术和勘探对策与传统油气勘探有很大不同，某些观点之间既有重叠又有冲突，容易产生误导，对陆相页岩油革命产生不确定的影响。为此，笔者和研究团队对我国不同类型页岩油的基本类型、地质特征、资源潜力、勘探现状和评价标准，以及页岩油与致密油的关系和界限进行了深入探讨，并提出了意见和建议，为即将到来的页岩油革命提供参考和借鉴。

》 1.1 中国陆相页岩油与北美海相页岩油的差异

油气行业在美国指的是致密油生产相关行业，致密油生产与页岩油生产有很大的区别，美国能源信息署（EIA）于 1976 年通过了《Energy Conservation and Production Act》，并估算了北美地区致密油的产量和资源，包括但不限于页岩油生产。在我国，基于现有的大量研究成果和勘探开发的经验，大多数学者认为页岩油应与致密油区分开来（图 1.1），主要是

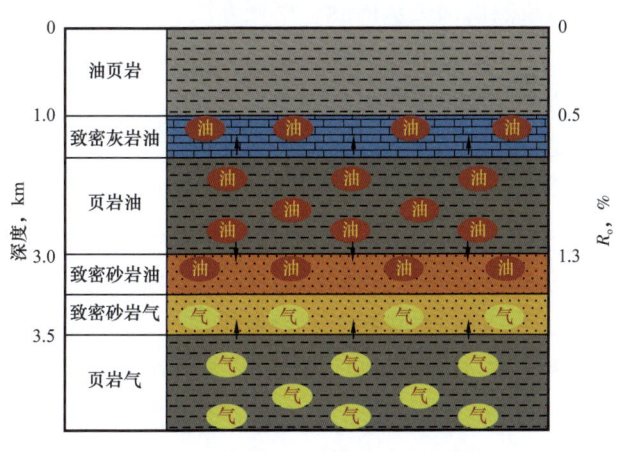

图 1.1 致密油、页岩油分布示意图

将致密油和页岩油的来源区分开来。致密油是烃源岩生成的油排至常规储层，成为常规油藏，运移到致密储层形成的，属于源外型石油资源；页岩油是残留在烃源岩内的油[3]。致密油和页岩油从储层渗透率的角度来看确实相似，但除此之外，无论是形成过程还是后续的产出，所需的技术思路和方案都有巨大的差异，不能混为一谈。

2017年11月1日，中华人民共和国国家质量监督检验检疫总局和中国国家标准化管理委员会发布的 GB/T 34906—2017《致密油地质评价方法》中规定：致密油是指覆盖层基质渗透率不大于 0.1mD（空气渗透率小于 1mD）的致密砂岩、致密碳酸盐岩等储层中储存的油，或流动性不大于 0.1mD/（mPa·s）的非稠油[4]。

根据国家标准化管理委员会下达的 2019 年第二批推荐性国家标准计划的通知（国标委发〔2019〕22号），2019 年 7 月初步形成了《页岩油地质评价方法》标准草案，其中对页岩油进行了详细定义：页岩油是指赋存于富有机质页岩层系中的石油。富有机质页岩系烃源岩中粉砂岩、细砂岩和碳酸盐岩单层厚度不大于 5m，累计厚度占页岩系总厚度的 30% 以下[5]。无自然产能或低于工业石油产量下限，需采用特殊工艺技术措施才能获得工业石油产量。

中国陆相页岩油与北美海相页岩油在定义、开发环境、地质特征、部分开采方法和评价标准等方面存在差异。以携碎屑岩、碳酸盐岩和夹有富含有机物页岩致密储层中的烃类为主的北美海相页岩，主要通过水平井压裂技术和体积改造方式进行开发生产。北美海相页岩油具有以下特征（表1.1）：

（1）油层连续性好、厚度相对较大；

（2）所处热成熟度窗口偏高（R_o 为 1.0%～1.7%），油质轻（密度为 0.77～0.79 g/cm^3），气油比高（一般为 50～300m^3/m^3）；

（3）TOC 普遍较高（平均多为 3%～5%），油层多存在异常高压，压力系数为 1.3～1.8；

（4）储层平均孔隙度较高，一般为 8%～10%；

（5）单井初始产量高（一般为 30～60t/d），单井累计采出量高（大于 40×10^{4}t）。

中国陆相页岩油中低成熟度油类从内涵、挖掘方法、挖掘技术与评价标准上，不仅与美国的页岩油不同，还与中国的中高成熟度页岩油不同，因此不具可比性。本书主要以中国中高成熟度页岩油为研究对象，就北美页岩油来说，虽然二者从沉积岩性组合与环境方面来看差异非常大，但是由于中国中高成熟度页岩油在地质特征、开采方式和核心技术等方面与美国页岩油基本类似，可以进行对比研究[6-7]。中国页岩油油质偏重（密度多大于 0.85g/cm^3），是因为中国中高、高成熟度页岩油厚度相对较小，处于热成熟窗口，主要以中低成熟度为主（R_o 为 0.5%～1.1%，主体为 0.75%～1.00%），气油比低（小于 100m^3/m^3，主体为 0～60m^3/m^3），烃源岩 TOC 变化较大，多数偏低（1%～3%）；单井初始产量变化较大，单井累计采出量相对较小。由于目前生产时间较短，最终单井累计采出量还难于统计。本书设定布伦特油价为 55 美元/bbl 来计算各页岩油试采区要达到商业开发条件单井累计采出量必须达到的最低值（表1.1）。从 2018 年底有限井试采一年或更长的情况看，

表 1.1 中高成熟度海相、陆相页岩岩油地质条件与经济性对比表

页岩油类型	主要盆地	烃源条件 TOC %	成熟度 R_o %	储集条件 岩性	厚度 m	孔隙度 %	原油密度 g/cm³	流动性 压力系数	油气比 m³/m³	经济性 埋深 m	单井累计采出量 10⁴t
海相	威利斯顿盆地 Bakken 组	10.0~20.0	0.7~1.3	粉砂岩,云质砂岩,白云岩	20~50	5.0~12.0	0.78~0.83	1.3~1.6	50~375	2100~3300	4.1
	墨西哥湾盆地 Eagleford 组	4.0~7.0	0.5~2.0	页岩,泥质岩	46~92	6.0~12.0	0.77~0.79	1.3~1.8	90~850	1000~3400	4.3
	二叠盆地 Wolfcape 组	2.0~5.0	0.6~1.5	粉砂岩,泥质岩	40~135	8.0~12.0	0.77~0.79	1.5	>350	2200~3300	6.5~8.6
	准噶尔盆地二叠系	3.0~6.0	0.6~1.1	云质粉砂岩,泥质白云岩	4~33	6.0~14.0	0.89~0.93	1.1~1.3	17	2300~3800,3800~4300	3.5[①],3.8~4.2[①]
	三塘湖盆地二叠系	1.0~5.0	0.6~1.3	凝灰岩,凝灰质云岩	27~43	6.0~19.0	0.86~0.91	1.0~1.2	0	1800~3700	1.6[①]
	渤海湾盆地孔店组,沙河街组	1.5~3.5	0.5~1.1	页岩,泥岩,粉细砂岩,云质页岩,白云岩	10~26	3.0~7.0	0.86~0.89	1.0~1.2	0~100	2600~4200	3.0[①]
陆相	鄂尔多斯盆地延长组 7 段	5.0~38.0	0.7~1.1	页岩,泥岩,粉细砂岩	2~26	5.0~12.0	0.83~0.88	0.7~0.8	60~120	1600~2200	1.4[①]
	松辽盆地白垩系	0.9~3.8	0.5~1.2	泥岩,页岩,粉细砂岩	1~6	4.0~8.0	0.78~0.87	1.2~1.6	40	1600~2500	1.9[①]
	四川盆地侏罗系	1.0~2.4	0.5~1.4	页岩,页岩,介壳灰岩	10~50	0.2~7.0	0.76~0.87	1.2~1.7		1400~4200	1.4~3.5[①]
	柴达木盆地古近系	0.4~1.2	0.6~1.2	泥灰岩,藻灰岩,粉砂岩	100~150	5.0~8.0	0.85~0.88	1.3~1.4	42~109	2500~4000	2.5[①]

① 55 美元/bbl 油价下中国陆相页岩油要达到商业开发条件需达到的最小累计采出量计算值。

单井累计采收率一般不高，这将是影响陆相高成熟度页岩油能否进行大规模生产的重要因素。

总体来说，中国陆相页岩油储层横向分布变化大，热演化程度低。此外，陆相原油含蜡量高，储层厚度小，因此在地层能量、单井日产量和单井累计产量方面存在固有的不足。因此，甜点区（段）难以评价和选用，未来发展规模仍有一些不确定的因素。而北美海相页岩油层厚，储层连续性好，处于轻质油—凝析油窗口，气油比高，地层能量高。有了水平井和分段压裂技术，单井可以实现更高的初始产量、更高的累计产量和平台式工业化作业，可以快速实现大规模建设和生产，效益更好。

1.2 中国陆相页岩油勘探进展及资源潜力

我国大陆页岩油资源储量丰富，主要分布在10个盆地、30多个区带或凹陷中，其中一些面积不到 $100km^2$，资源量为数千万吨的油井是截至2018年底最具有现实性的可代替资源井。

近年来，自然资源部和各石油公司已开始页岩油勘探和资源潜力评估。我国大陆盆地中高成熟度页岩油主要分布在渤海湾盆地古近系、松辽盆地白垩系、四川盆地侏罗系、鄂尔多斯盆地三叠系和准噶尔盆地二叠系。2014年，中国石化评估全国页岩油技术可采资源量已达 $104 \times 10^8 t$。虽然对中低成熟度的页岩油研究较少，但是截至2016年底，这部分页岩油储量较大，与中高成熟度的陆相页岩油相比，中低成熟度的陆相页岩油具有更大的资源潜力。据初步估计，我国中低成熟度页岩油的原位转化前景远高于中高成熟度页岩油。

陆相页岩油是中国最具有潜力的石油替代资源，具有重要的战略意义[8]。尤其是中高成熟度页岩油，是我国2019年底以来较为成熟的页岩油开采领域，起到了重要的接替作用。而低成熟度页岩油主要体现在未来研究资质上，一旦突破将带来陆相页岩油的真正革命。

1.2.1 中高成熟度页岩油勘探进展及资源潜力

中高成熟度页岩油主要分为源储一体型页岩油、源储分异型页岩油和纯页岩型页岩油。

（1）源储一体型页岩油。

源储一体型页岩油的烃源岩是储层，主要分布在准噶尔盆地吉木萨尔凹陷二叠系、玛湖凹陷、石树沟凹陷、三塘湖盆地马朗凹陷二叠系条湖组和芦草沟组、渤海湾盆地沧东凹陷孔二段、歧口凹陷沙一下亚段、辽西凹陷雷家地区和高升地区、济阳坳陷、江汉盆地潜江凹陷、四川盆地侏罗系等地。

截至2016年底，以中国石油和中国石化为代表，上述地区的页岩油勘探都取得了部分进展和突破，表现出良好的勘探潜力。准噶尔盆地吉木萨尔凹陷二叠系芦草沟组上、下甜点段已被基本勘探确定下来，有利区井控储量达到 $11.1 \times 10^8 t$，2019年正式进入页岩油田开发建设阶段，2019年底累计产油11.9×10^4t。玛湖凹陷风城组5口井获得页岩油工业油流，4500m以下浅层页岩油资源量估计为11.4×10^8t，三塘湖盆地马朗凹陷二叠系条湖组页岩油基本实现规模化开发，已建成近11.5×10^4t/a产能规模；芦草沟组通过前期勘探和老井复查，1口井获得工业油流，页岩油资源量达到10×10^8t，表现出该区域具有良好的勘探前景。截至2020年5月，腔崆凹陷二段已获得页岩油工业油流15口井，其页岩油资源量初步评价为8.4×10^8t。四川盆地侏罗系进行全面的页岩油潜力评价和风险勘探，中国石油和中国石化都在多口井中获得了页岩油工业油流。

（2）源储分异型页岩油。

源储分异型页岩油是指烃源岩和储层并非同一地质体，但两者紧密相邻的页岩油类型，主要分布在鄂尔多斯盆地延长组长7_{1+2}亚段、松辽盆地青山口组一段中上部和青山口组二段中下部等地区[9]。在鄂尔多斯盆地延长组长7_{1+2}亚段，长庆油田在陇东地区获得13口井的页岩油工业油流，并已勘探发现14个页岩油有利区带，充分利用了水平井体积压裂技术建成多个页岩油水平井试验区。在松辽盆地北部青山口组一段中上部和青山口组二段中下部，勘探发现了三角洲前缘砂岩型与砂泥互层型两类页岩油。其中，砂岩型页岩油分布在龙虎泡齐家地区，砂泥互层型页岩油分布在齐家到古龙西侧。截至2019年底，松辽盆地北部已累计产页岩油90.08×10^4t。

（3）纯页岩型页岩油。

纯页岩型页岩油所处岩性为纯页岩，无储层夹层，主要分布在鄂尔多斯盆地长7_3亚段和松辽盆地青山口组一段，纯页岩段均为纯页岩油发育层。截至2019年底，鄂尔多斯盆地长7_3亚段纯页岩直井混合水量压裂试验已取得初步成功，获得13口工业油流井，但主要问题是稳产困难；松辽盆地齐家—古龙—三肇地区依托重点勘探井，纯页岩油地质评价已初步完成，正等待页岩段试油；松辽盆地南部已钻18口井，10口井获得工业油流。据初步评价，松辽盆地南部甜点区资源超过10×10^8t。

近期勘探揭示，不同类型的页岩油都有良好发展前景。2010年以来，中国石油长庆油田、大庆油田、大港油田、新疆油田、吐哈油田以及中国石化胜利油田、江汉油田等油田不断攻关页岩油甜点区（段）预测、钻完井降本提产等关键技术，积极开展中高成熟度页岩油开发试验，并取得了进展突破。中国石油经过近10年持续探索，证实源内页岩油有望成为重要石油接替领域。

1.2.2 中低成熟度页岩油勘探进展及资源潜力

中低成熟度页岩油是页岩中有机质和剩余油气的总称。截至2018年底，我国陆相页岩油主要存在成熟度低、黏度高、流动性差等问题，特别是中低成熟度页岩油，必须寻求技术上的突破。近年来，随着各种理论的完善和技术的突破，地下原位转化技术慢慢开始应用于实现我国中低成熟度陆相页岩油的有效利用。通过中国石化和中国石油以往的实验研究，在鄂尔多斯盆地延长组长7段和松辽盆地嫩江组进行了中试项目。这些项目将验证巨大页岩油资源可采性，并解决相关技术经济问题，得出可信结论。

陆相中低成熟度富有机质页岩产油潜力巨大。根据烃源岩热演化模式分析，高丰度页岩R_o为0.5%~1.0%时，未转化有机质占比达40%~90%。中国石油勘探开发研究院在壳牌公司原位转化实验室完成了鄂尔多斯盆地长7段页岩模拟实验，结果表明长7段页岩有机质转化产油量为68kg/t、产气量为6m³/t，同时页岩中滞留液态石油含量为68kg/t。鄂尔多斯盆地长7段黑色页岩R_o为0.7%~0.9%，埋深为100~700m；有机质类型主要为Ⅱ$_1$型、Ⅰ型，TOC平均为13.8%，最高为38%；页岩厚度平均为16m，最厚达60m，分布面积约为$4.3×10^4$km²，原位转化潜力巨大。松辽盆地嫩江组发育的页岩，其R_o为0.4%~0.7%，埋深小于700m；连续厚度为6~14m；TOC平均为5.5%~9.0%，其中TOC大于6.0%的页岩分布面积为$3.0×10^4$km²。

随着中国陆相中低成熟度富有机质页岩油原位加热矿场试验即将进入启动期，越来越多的业界目光开始投入到中低成熟页岩油的开发潜力，而目前的水平井、体积转换等成熟技术很难实现商业化开发，因此以壳牌、埃克森美孚、道达尔等为代表的多家国际石油公司正在进行原位转化技术研发和现场先导试验。如果试验成功，巨大的页岩油资源可以转化为现实的原油储存和输出，这将对促进我国原油的长期稳产甚至增产起到重要作用。

1.3 中国陆相页岩油发展面临的风险与挑战

1.3.1 资源不确定性风险

截至2019年底，虽然中国在准噶尔、鄂尔多斯、渤海湾、松辽、江汉等多个盆地页岩油产出有一定的突破，但是距离工业化生产还有不小的距离[10]。此外，虽然上述地区初步开展了页岩油资源评价，但是评价结果不足以作为现场工业开发的指导依据。

为了尽快解决上述风险，国家层面需进行一定的资源投入与政策倾斜，开展全国范围内的页岩油资源评价工作，协调资源开发生产，整顿产业链等，使中国陆相页岩油工业化生产提上日程。

1.3.2 技术适应性风险

中国陆相页岩油分布区段地质特征普遍存在黏土含量高、脆性指数低、压力系数低、驱动力缺乏等不足，这为页岩油的开采设置了巨大的阻碍[11]。例如，准噶尔盆地吉木萨尔凹陷芦草沟组页岩油油质偏重，因此流动性差，不易开采；鄂尔多斯盆地长7段地层压力系数为0.7~1.0，页岩中的伊蒙混层、蒙脱石比例偏高，储层改造成缝效果差，这也导致该区段的页岩油虽然物理性质较好，但是也不容易开采。这些地质因素也决定了必须在技术上有所突破，摆脱现有的水平井体积压裂技术，才能使中国陆相页岩油的工业化生产尽快实现。

综上所述，要实现中国陆相页岩油的工业化生产，就需要有核心技术和关键设备上的突破，且需针对中国陆相页岩油类型多样、地质条件各异的特点，形成多种类型的页岩油勘探开发技术系列。

1.3.3 成本与人力资源风险

由于中国陆相页岩油开发尚处于起步阶段，在技术和设备上均有所限制，因此具有投资规模大、投资回收期长等特点，与页岩油完成工业化生产的北美地区相比成本过高。并且，中国国内页岩油的开发也缺少像北美的雄厚资本投入、优惠政策等，市场也待进一步完善。

自2016年以来，从企业到研究院所及高校，均缺乏针对陆相页岩油理论研究与技术研发的实验条件和高层次人才队伍，高端装备制造与国际先进水平仍有较大差距[12]。针对该风险，有必要从国家层面着手，加快人才队伍建设，加强国家重点实验室建设，实现高端装备国产化。

1.3.4 面临的挑战

中国自2016年以来主要以中高成熟度页岩油为开发主体对象，在开采方式与核心技术等方面与美国页岩油具有一定相似性，但效益开发难度更大，主要体现在：（1）页岩油主要产层分布范围小，非均质性强；（2）烃源岩TOC多数偏低，储层压力系数整体偏小；（3）热成熟度整体偏低（R_o主要为0.75%~1.00%），发生浓度扩散、短距离运移到间互致密薄夹层内的液态烃相对较少，大量原油滞留在页岩基质孔隙中构成资源主体，开发难度大[13]。

由于地质原因，在北美能实现有效开采的水平井与体积压裂开发模式在国内难以普遍适用。中国首个国家级页岩油示范区在准噶尔盆地吉木萨尔凹陷，自2018年底完钻页岩油井178口，已基本进入规模生产阶段。鄂尔多斯盆地三叠系延长组长7_{1+2}亚段至2019年底投产117口井，年产油量6.3×10^4t，显示出良好稳产效果；但是2018—2019年吉林油田在松辽盆地白垩系青山口组完钻探井18口，仅10口获得工业油流，页岩油效益产出面临较大困难，由此也可看出我国页岩油资源由于地区分布不同而导致的产出不同，侧面说明地质情况的复杂，使得北美的水平井与体积压裂开发模式难以在国内完全适用。

准噶尔盆地、鄂尔多斯盆地、渤海湾盆地、松辽盆地4大盆地区域页岩油资源量分别为5.1×10^8t、60.5×10^8t、7.4×10^8t和54.6×10^8t，总量占比约60%，是中国页岩油勘探开发重点地区。在此背景下，本书选取现阶段重点开发的准噶尔盆地吉木萨尔凹陷二叠系芦草沟组、鄂尔多斯盆地陇东地区三叠系延长组长7_3亚段、渤海湾盆地沧东凹陷古近系孔店组孔二段、松辽盆地长岭凹陷白垩系青山口组青一段4个地区作为研究对象，对483块岩心样品开展了1385块次实验分析（表1.2），在相同的评价技术体系和相的实验测试条件下，对不同类型页岩油资源可利用性的评价方法和应用进行了对比研究。

表 1.2　研究样品基本信息

盆地	地区	层位	取样深度，m	样品数，块
准噶尔	吉木萨尔	芦草沟组	2714～2967	124
			3412～3582	
鄂尔多斯	陇东	长 7_3 亚段	1610～1670	157
			1839～1967	
渤海湾	沧东	孔二段	2936～3217	105
			3852～4126	
松辽	长岭	青一段	1980～2063	97
			2327～2361	

特别应当指出的是，虽然当前中国页岩油主体开发对象为赋存于间互致密薄夹层的页岩油，但是随着勘探逐渐深入，并具备一定规模性时，一旦优质储量所占比例下降，页岩基质孔隙中大量的滞留原油作为资源主体势必逐渐成为主战场。因此，本书对资源可动用性的研究聚焦于富有机质页岩。

参 考 文 献

[1] 赵文智，胡素云，侯连华. 页岩油地下原位转化的内涵与战略地位[J]. 石油勘探与开发，2018，45（4）：537-545.

[2] 胡素云，朱如凯，吴松涛，等. 中国陆相致密油效益勘探开发[J]. 石油勘探与开发，2018，45（4）：737-748.

[3] 邹才能，杨智，王红岩，等."进源找油"：论四川盆地非常规陆相大型页岩油气田[J]. 地质学报，2019，93（7）：1551-1562.

[4] 中华人民共和国质量监督检验检疫总局，中国国家标准化管理委员会. 致密油地质评价方法：GB/T 34906—2017[S]. 北京：中国标准出版社，2017.

[5] 杨智，邹才能，付金华，等. 基于原位转化/改质技术的陆相页岩选区评价——以鄂尔多斯盆地三叠系延长组7段页岩为例[J]. 深圳大学学报：理工版，2017（3）：221-228.

[6] 金之钧，白振瑞，高波，等. 中国迎来页岩油气革命了吗？[J]. 石油与天然气地质，2019，40（3）：451-458.

[7] 杨智，邹才能. "进源找油"：源岩油气内涵与前景[J]. 石油勘探与开发，2019，46（1）：173-184.

[8] 邹才能，陶士振，白斌，等. 论非常规油气与常规油气的区别和联系[J]. 中国石油勘探，2015，20（1）：1-16.

[9] 贾承造. 论非常规油气对经典石油天然气地质学理论的突破及意义[J]. 石油勘探与开发，

2016，44（1）：1-11.

[10] 陈晓智，陈桂华，肖钢，等.北美TMS页岩油地质评价及勘探有利区预测［J］.中国石油勘探，2014，19（2）：77-84.

[11] 张大伟.创新勘探开发模式 提升我国油气勘探开发力度［J］.中国国土资源经济，2019，32（8）：4-7.

[12] 胡素云，闫伟鹏，陶士振，等.中国陆相致密油富集规律及勘探开发关键技术研究进展［J］.天然气地球科学，2019，30（8）：1083-1094.

[13] 汪友平，王益维，孟祥龙，等.美国油页岩原位开采技术与启示［J］.石油钻采工艺，2013，35（6）：55-59.

第 2 章

储层储集空间结构及原油赋存状态

近几年,伴随着页岩油勘探工作的开展,细粒沉积及泥页岩储层等研究愈发引起人们的重视。关于页岩沉积储层方面的研究,诸多学者在储层岩石学特征、储集空间类型、表征、孔隙结构等方面进行了有益的探讨,但在储集空间成因及演化方面的研究还较为匮乏,表现如下:尚未建立页岩储集空间的成因分类方案;控制储集空间发育演化的关键地质作用机制还不够清晰,主要储集空间类型的成因机制还需要探讨。本章选取了准噶尔盆地吉木萨尔凹陷、鄂尔多斯盆地陇东地区、渤海湾盆地沧东凹陷、松辽盆地长岭凹陷 4 个代表性陆相盆地的基质型页岩样品,在样品分析测试的基础上,从储集空间类型识别及基本特征刻画入手,表征储集空间并进行成因分类,深入分析泥页岩沉积及成岩作用对储集空间形成、保存及破坏的作用机制,对于有利储层段优选及页岩油气评价工作有实际的指导意义。

2.1 页岩微观形貌表征

2.1.1 测试原理

微图像拼接(MAPS)的基本测试原理是在选定区域内排布扫描出几千张超高分辨率、相同、连续的 SEM 或者 BSE 图像,利用几千张图像拼接成一张超高分辨率、超大面积的二维 BSE 或者 SEM 电子图像(图 2.1)。针对需要大面积观察且内部物质结构很小的样品,需要在样品表面设置一系列连续且边缘重叠的大量高分辨率的小图像扫描,扫描完成以后在拼接好的图像基础上可以进行放大、缩小、移动等可视化操作,并且在拼接好的大图上进行图像处理和数据分析,既能更好地解决非均质样品的代表性问题,也可以在超高分辨率的基础上把握样品内部的精细结构信息[1]。

2.1.2 测试仪器

所使用的测试仪器为 FEI 公司的 Helios NanoLab 660,仪器照片如图 2.2 所示,仪器的基本参数见表 2.1。

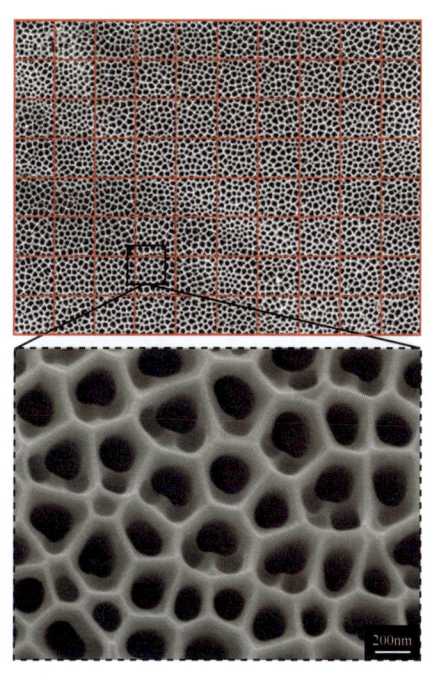

图 2.1　MAPS 扫描测试原理示意图　　图 2.2　Helios NanoLab 660 型双束扫描电镜照片

表 2.1　Helios NanoLab 660 型双束扫描电镜扫描模式及参数

参数	测试范围
样品尺寸	直径小于 25mm 的片状样品
分辨率	2~800nm
电压	1~30kV
束流值	0.78pA~26nA

2.1.3　测试流程

将测试样本按照要求进行制样,然后在 Helios NanoLab 660 型双束扫描电镜上用 MAPS 模式扫描测试。

2.1.3.1　样品制备

在样品上切下直径与原始样品相同、厚度为 2~5mm 的子样,对表面进行机械抛光、氩离子抛光,然后在表面镀上碳导电膜(厚度为 10~20nm)确保样品表面导电性。

2.1.3.2　测试

将制备好的样品放进 Helios NanoLab 660 型双束扫描电镜样品舱内,聚焦、选择图像扫描模式,选择合适的电压、束流值,然后设置单张小图像的大小和扫描区域的大小,开始扫描。

2.1.3.3 图像拼接

在初始扫描时,系统默认的单张扫描图像之间的重叠部分占整个图像的比例为25%,在随机选择的3个视域内预览拼接效果,确保拼接没有问题后再进行整体图像拼接。

2.1.4 测试结果

该次背散射电子大面积拼接成像实验共收到样品10块,样品基础信息见表2.2。

表2.2 MAPS扫描样品概况

序号	样品号	盆地	地区	层位	取样深度 m	样品直径 mm	样品厚度 mm	整体扫描分辨率 nm	备注
1	Wn-1	准噶尔	吉木萨尔	芦草沟组	2714~2967	25	2	250	天然岩心
2	Wn-2	准噶尔	吉木萨尔	芦草沟组	3412~3582	25	2	250	天然岩心
3	Wn-3	准噶尔	吉木萨尔	芦草沟组	2714~2967	25	2	250	天然岩心
4	Wn-4	鄂尔多斯	陇东	长73亚段	1610~1670	25	2	250	天然岩心
5	Wn-5	鄂尔多斯	陇东	长73亚段	1839~1967	25	2	250	天然岩心
6	Wn-6	鄂尔多斯	陇东	长73亚段	1610~1670	25	2	250	天然岩心
7	Wn-7	渤海湾	沧东	孔二段	2936~3217	25	2	250	天然岩心
8	Wn-8	渤海湾	沧东	孔二段	3852~4126	25	2	250	天然岩心
9	Wn-9	渤海湾	沧东	孔二段	2936~3217	25	2	250	天然岩心
10	Wn-10	松辽	长岭	青一段	1980~2063	25	2	250	天然岩心

对所接收10块样品全部进行了背散射大面积拼接扫描电镜(MAPS)实验。样品切割或镶嵌成直径为25mm、厚度为2mm的块状,镶嵌到直径为30mm、厚度为1cm的环氧树脂中,表面进行机械抛光、氩离子抛光及镀碳,然后进行大面积背散射电子整体成像扫描。

在温度为22℃、电压为10kV、工作距离为4mm、扫描精度为250nm的实验条件下,对Wn-1、Wn-2、Wn-3、Wn-4、Wn-5(砂岩,25mm×2mm)样品进行微纳米材料形貌表征实验,可得出岩品表面整体粗糙,除Wn-3以外,样品总体无明显裂痕,Wn-3表面存在明显裂痕,所有样品局部有机质内富含孔隙,存在部分微裂隙,裂缝形态分散不连续;矿物组成主要为石英和碳酸盐矿物,矿物之间胶结密切(图2.3)。

在温度为22℃、电压为10kV、工作距离为4mm、扫描精度为250nm的实验条件下,对Wn-6、Wn-7、Wn-8、Wn-9、Wn-10(砂岩,25mm×2mm)样品进行微纳米材料形貌表征实验,可得出岩品表面整体粗糙,总体有明显裂痕,裂痕较小且较为发散,局部有机质内富含孔隙,有机质分布较密集,存在部分微裂隙,裂缝形态发散且不连续;矿物组成主要为黄铁矿和碳酸盐矿物,矿物之间胶结密切(图2.4)。

(a) Wn-1

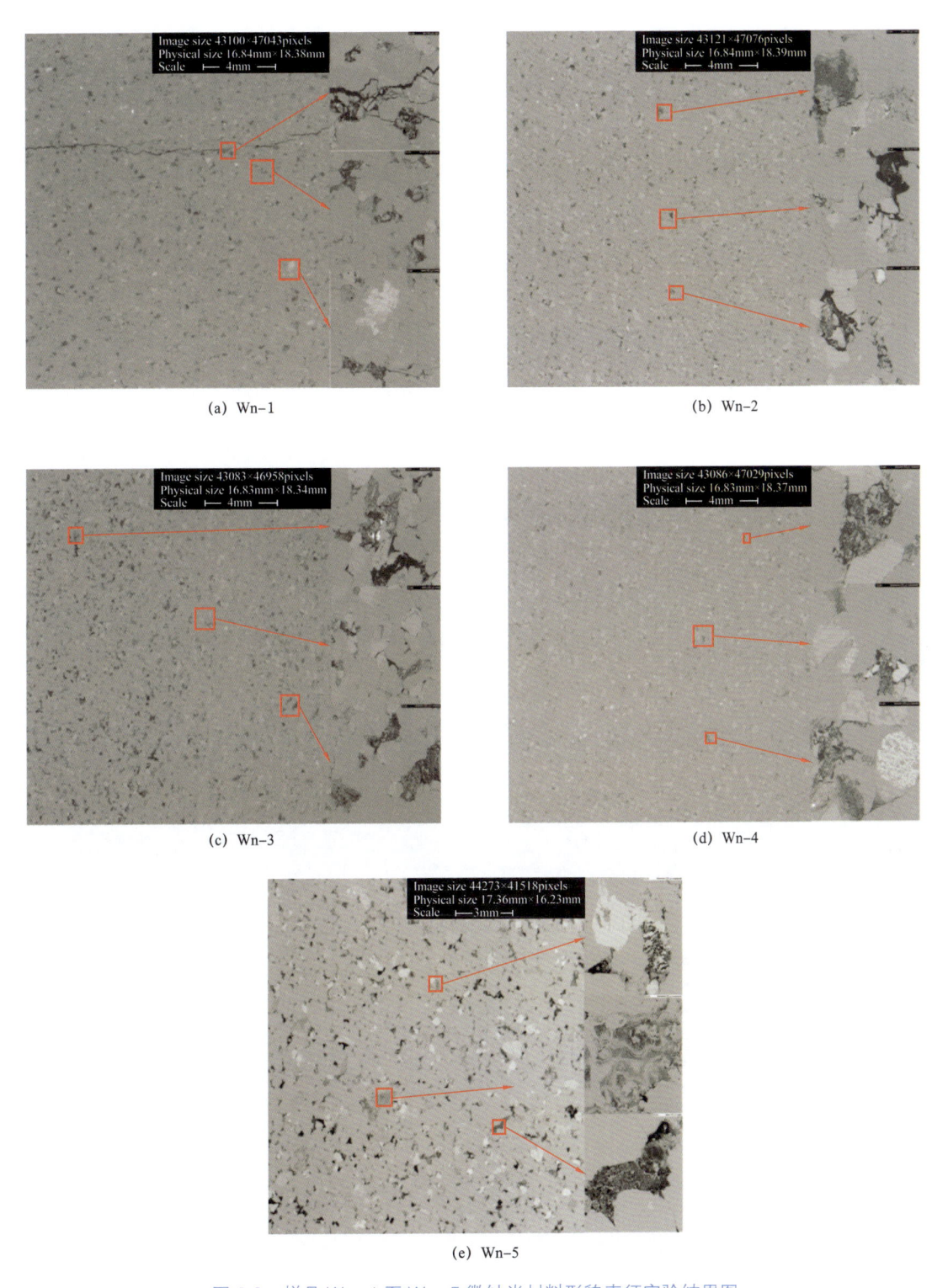

(b) Wn-2

(c) Wn-3

(d) Wn-4

(e) Wn-5

图 2.3　样品 Wn-1 至 Wn-5 微纳米材料形貌表征实验结果图

(a) Wn-6

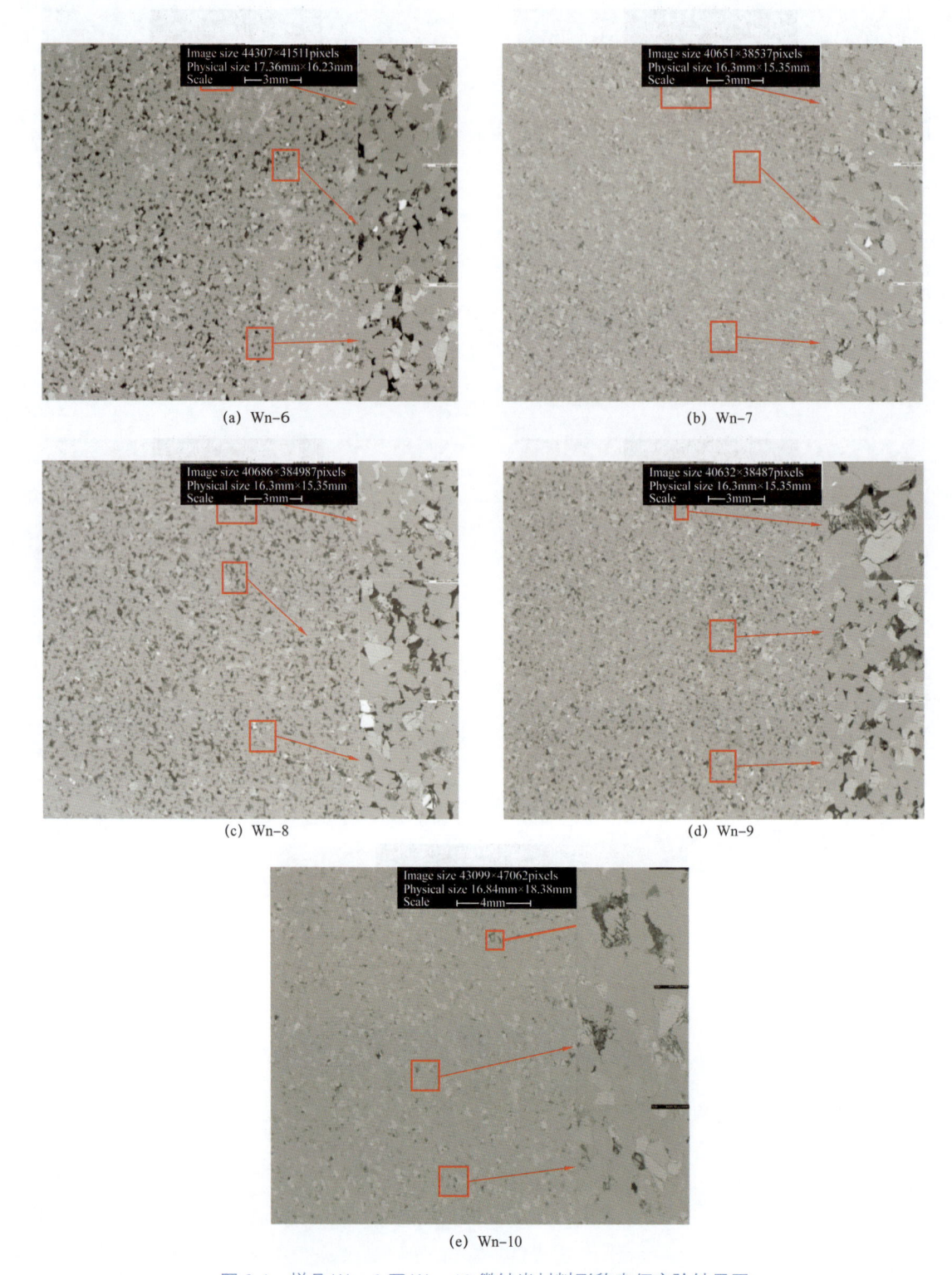

(b) Wn-7

(c) Wn-8

(d) Wn-9

(e) Wn-10

图 2.4　样品 Wn-6 至 Wn-10 微纳米材料形貌表征实验结果图

2.2 页岩微观矿物分布

该次实验样品有两种,一种为材料样品,另一种为天然岩心样品。使用 X 射线光电子能谱(XPS)对材料样品进行扫描分析,使用 Qemscan 矿物分析方法对天然岩心样品进行扫描分析。

2.2.1 测试原理

2.2.1.1 X 射线光电子能谱(XPS)测试原理

激发源为 X 射线,作用于样品表面。当 X 射线作用于样品表面的原子后,原子的内层电子吸收入射的 X 射线从而脱离原子核成为自由电子,此即 X 射线光电子。通过分析光电子的能量分布,得到光电子能谱[2]。

经 X 射线照射后,从样品表面某原子出射的光电子的强度与样品中该原子的浓度有线性关系,因此可以利用其进行元素的定量分析,用于研究样品表面组成和结构[3],该方法又称为化学分析光电子能谱法(ESCA)。

图 2.5 为 X 射线光电子能谱(XPS)测试原理图。

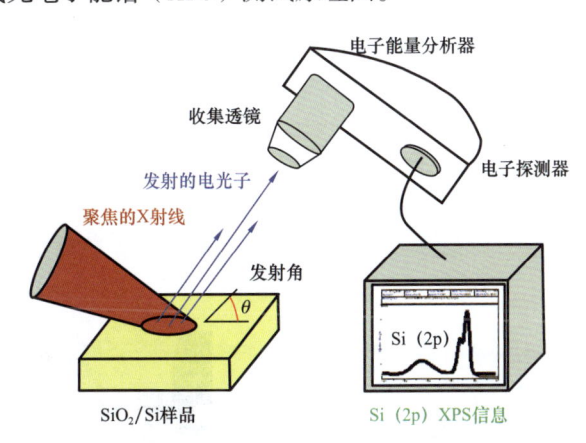

图 2.5 X 射线光电子能谱(XPS)测试原理图

2.2.1.2 Qemscan 矿物扫描测试原理

扫描电镜矿物定量分析仪器是通过一次电子轰击样品表面原子,样品表面原子中的原子核外电子产生跃迁导致能量损失,损失的能量部分转换为特征 X 射线,在矿物分析仪中的能谱探头通过接收特征 X 射线信息从而判别该点的元素信息,通过元素信息的强度及不同的元素含量在仪器后台软件中生成已知的矿物信息[4]。根据以上过程,可以得到样品整体表面的矿物含量、矿物种类及矿物的分布等信息。

2.2.2 测试仪器

页岩微观矿物的测试仪器为 XPS-UltraDLD X 射线光电子能谱仪和 Qemscan 650F 矿物扫描电镜。

XPS-UltraDLD X 射线光电子能谱仪基本参数如下：分析室真空度优于 7×10^{-10}mbar❶；检出限为原子占比为 1%。使用单色化 X 射线源时，对于大束斑灵敏度，对 Ag $3d_{5/2}$ 峰的能量分辨率优于 0.48eV 时，计数率强度大于 400kcps；对于 15μm 束斑灵敏度，对 Ag $3d_{5/2}$ 峰的能量分辨率优于 0.48eV 时，计数率强度大于 650kcps。使用双阳极 X 射线源时，对于大束斑灵敏度，对 Ag $3d_{5/2}$ 峰的能量分辨率优于 0.8eV 时，计数率强度大于 1100kcps。具备快速平行成像、扫描成像、从图得谱三种 XPS 成像功能。紫外光电子能谱最优能量分辨率：对 Ag 费米边，能量分辨率不超过 100meV。深度剖析离子枪离子能量 100～4000eV 连续可调，束斑直径在 400μm～1.5mm 可调。

XPS-UltraDLD X 射线光电子能谱仪如图 2.6 所示。Qemscan 650F 矿物扫描电镜参数见表 2.3，实物如图 2.7 所示。

表 2.3　Qemscan 650F 矿物扫描电镜参数

参数	测试范围
样品尺寸	直径为 30mm 片状样品
像素尺寸	0.5～50μm
电压	1～30kV
束流值	0.78pA～26nA

图 2.6　XPS-UltraDLD X 射线光电子能谱仪

图 2.7　Qemscan 650F 矿物扫描电镜图

❶ 1bar=100kPa。

2.2.3 测试结果

该次扫描电镜矿物定量分析实验共选天然岩心样品 5 块，样品基础信息见表 2.4。

Quemscan 650F 矿物扫描结果：Wn-9 至 Wn-11 样品矿物组成以石英为主，中间夹杂部分钠长石和钾长石，矿物之间胶结密切，样品整体化学性质和物理性质均较为稳定。

表 2.4 Qemscan 650F 矿物扫描样品概况

序号	样品号	盆地	地区	层位	取样深度 m	样品直径 mm	样品厚度 mm	整体扫描分辨率 μm	备注
1	Wn-9	渤海湾	沧东	孔二段	2936~3217	25	2	25	天然岩心
2	Wn-10	松辽	长岭	青一段	1980~2063	25	2	25	天然岩心
3	Wn-11	松辽	长岭	青一段	2327~2361	25	2	25	天然岩心
4	Wn-12	松辽	长岭	青一段	1980~2063	25	2	25	天然岩心
5	Wn-13	松辽	长岭	青一段	2327~2361	25	2	25	天然岩心

2.3 页岩激光颗粒粒度特征

光在传播中，波前受到与波长尺度相当的隙孔或颗粒的限制，以受限波前处各元波为源的发射在空间干涉而产生衍射和散射，衍射和散射的光能的空间（角度）分布与光波波长和隙孔或颗粒的尺度有关[5]。用激光作为光源，光为波长一定的单色光后，衍射和散射的光能的空间（角度）分布就只与粒径有关。对于颗粒群的衍射，各颗粒级的多少决定着对应各特定角处获得的光能量的大小，各特定角光能量在总光能量中的比例反映各颗粒级的分布丰度。按照这一思路，可建立表征粒度级丰度与各特定角处获取的光能量的数学物理模型，进而研制仪器，测量光能，由特定角度测得的光能与总光能的比较推出颗粒群相应粒度级的丰度比例量[6-7]。图 2.8 为激光粒度测试原理图。

2.3.1 数字图像粒度分析原理

首先将大面积背散射电子扫描的几千张图像拼接成一张涵盖整个扫描面的 Raw 格式的图像文件，然后在软件 ImageJ 中打开该图像，通过图像平滑（Susansmooth）以后将图像进行去噪处理，然后进行图像阈值分割，生成只有孔隙（阈值为 0）和颗粒（阈值为 1）的两相二值图像。

将生成的二值图像进行颗粒中轴线提取，查找中轴线上每一个像素点到颗粒边缘的距离，通过每一个测量中轴线上每个像素到孔隙边缘的距离来确定每个颗粒与相邻颗粒之间接触的最短线的位置和长度，通过查找这个最短线的位置对颗粒进行拆分，从而生成被拆分的由单个颗粒组成的粒径分析原始输入图像，通过对该图像上每个颗粒的面积统计从而得知每个颗粒的面积值，将其等效为一个圆，该圆的直径即为该颗粒的粒径（图2.9）。

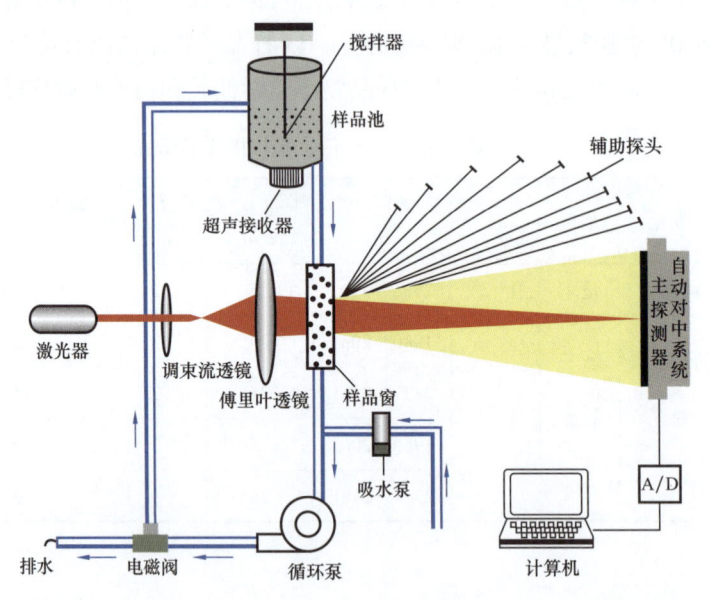

图2.8　激光粒度测试原理图

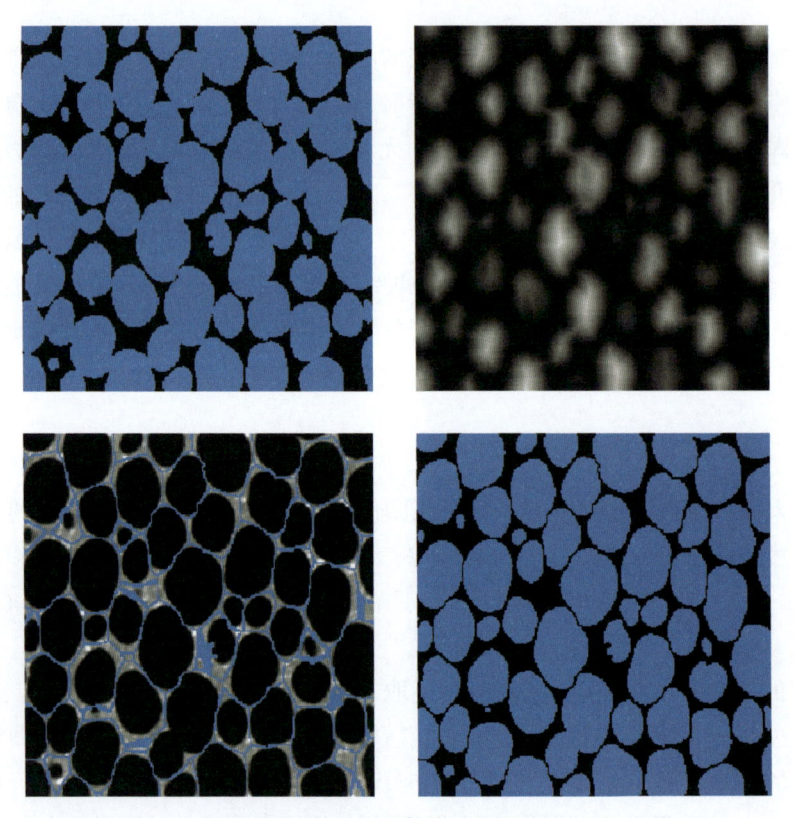

图2.9　数字图像粒度分析原理图

2.3.2 测试仪器

所使用的测试仪器为 LT3600 Plus 激光粒度分析仪（图 2.10）和 Helios NanoLab 660（图 2.2）。仪器的基本参数见表 2.5 和表 2.1。

2.3.3 样品信息

该次开展粒度计算的样品数量为 10 块，样品基础信息见表 2.2。

对 10 块天然岩心样品进行数字图像粒度分析，在背散射电子拼接好的大图上进行图像

图 2.10　LT3600 Plus 激光粒度分析仪

平滑、阈值分割、中轴线计算，从而将颗粒之间连接部位分割开，通过统计每一个经过分割的颗粒的面积将其等效成为一个标准圆，最终该圆形的直径等同于该颗粒的粒径。

表 2.5　LT3600 Plus 激光粒度分析仪参数

参数	测试范围
粒径	0.02～2200μm
检测速度	20000 次 /s

2.4　电子束荷电效应可动油分布定量评价方法

对氩离子抛光过的岩石样品不镀导电层直接成像时，图像中所展现的局部荷电效应能为扫描电镜图像带来更多的信息[8]。在对页岩、烃源岩、含油致密砂岩、含油致密碳酸盐岩、含油凝灰岩等样品研究的过程中发现：在同样的低加速电压成像参数下，高成熟度页岩、不含油致密砂岩、不含油碳酸盐岩等样品，在扫描中不易出现荷电现象，而对于处于生油窗中的烃源岩、含油致密砂岩、含油碳酸盐岩等样品，易出现局部荷电现象（图2.11）。通过实验验证，导致荷电的主要原因是样品中存在的沥青质，即残留油。通过高真空腔内原油挥发验证，99.7% 的氯仿沥青 A 不会被真空抽走。因此，控制成像参数利用荷电效应可以区分干酪根及沥青质，并可直接获得残留油在孔隙空间中的位置[9]。

以上述为基础，开发了基于电子束荷电效应的扫描电镜背散射截面二次成像法，控制成像参数，对同一分析区域进行两次成像，通过第一次成像观察清楚矿物孔隙结构及有机质分布，通过第二次成像判断原油空间分布，该方法对于页岩、致密碳酸盐岩等细粒沉积储层样品较为有效。对准噶尔盆地吉木萨尔致密碳酸盐岩储层样品进行二次成像法分析（图 2.12），可以直接观测到微纳米孔隙中残留油的填充，通过图像处理软件进行孔隙分离，可得到以下信息：该图像中总面孔率为 11.83%，残留油存在的孔隙面孔率为 2.79%，残留油孔隙占总孔隙的 23.58%，这些信息表明了该储层的原油可动性。

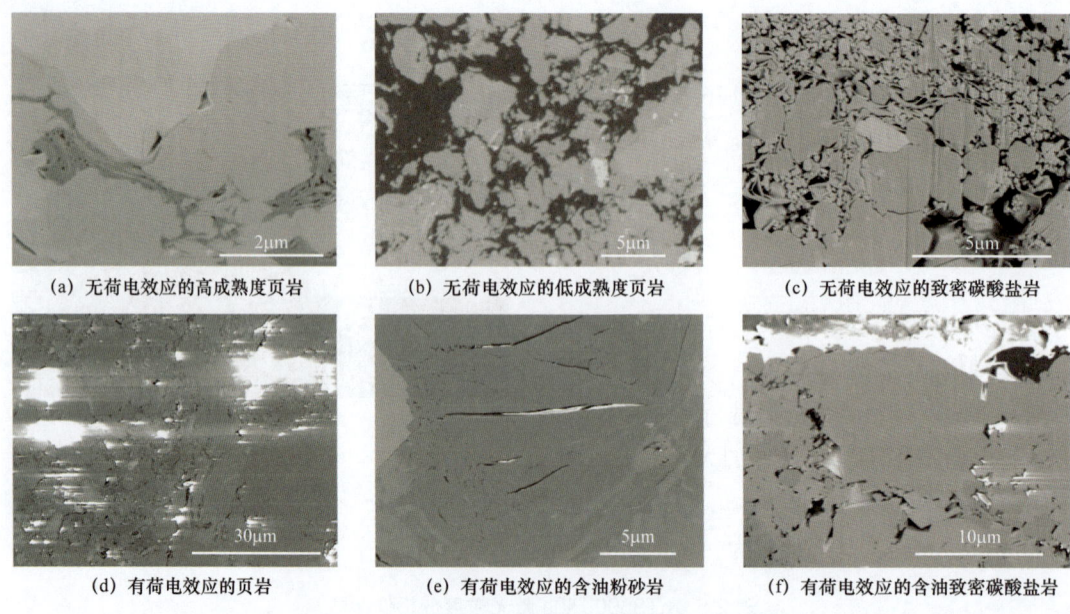

(a) 无荷电效应的高成熟度页岩　　(b) 无荷电效应的低成熟度页岩　　(c) 无荷电效应的致密碳酸盐岩

(d) 有荷电效应的页岩　　(e) 有荷电效应的含油粉砂岩　　(f) 有荷电效应的含油致密碳酸盐岩

图 2.11　不同类型致密储层样品的荷电效应情况

(a) 第一次成像

(b) 第二次成像

图 2.12　准噶尔盆地吉木萨尔致密碳酸盐岩储层样品二次成像法荷电现象分布
（红色表示有油的孔隙，蓝色表示无油的孔隙）

2.5 原油分布定量评价

采用电子束荷电效应可动油分布定量评价方法对准噶尔盆地吉木萨尔凹陷、鄂尔多斯盆地陇东地区、渤海湾盆地沧东凹陷、松辽盆地长岭凹陷 4 个代表性陆相盆地的基质型页岩样品原油分布进行了定量评价，结果如图 2.13 至图 2.16 所示。

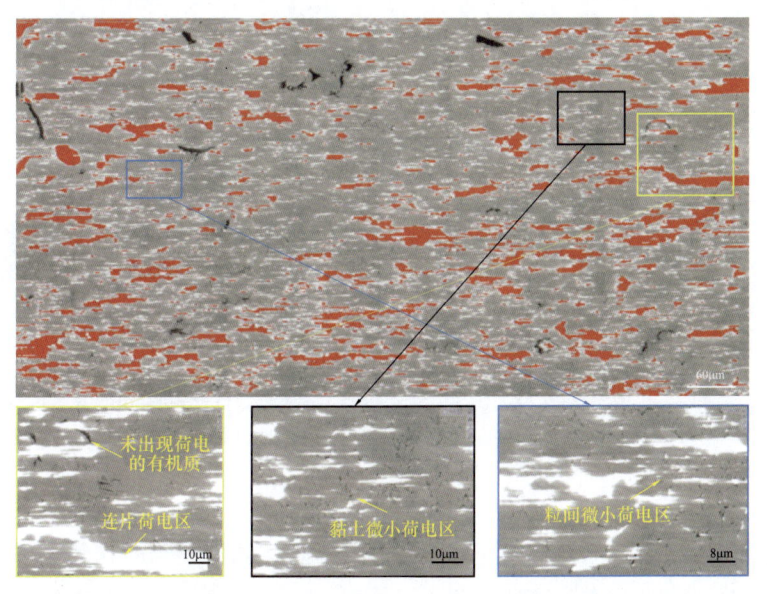

图 2.13 吉木萨尔凹陷芦草沟组原油分布特征

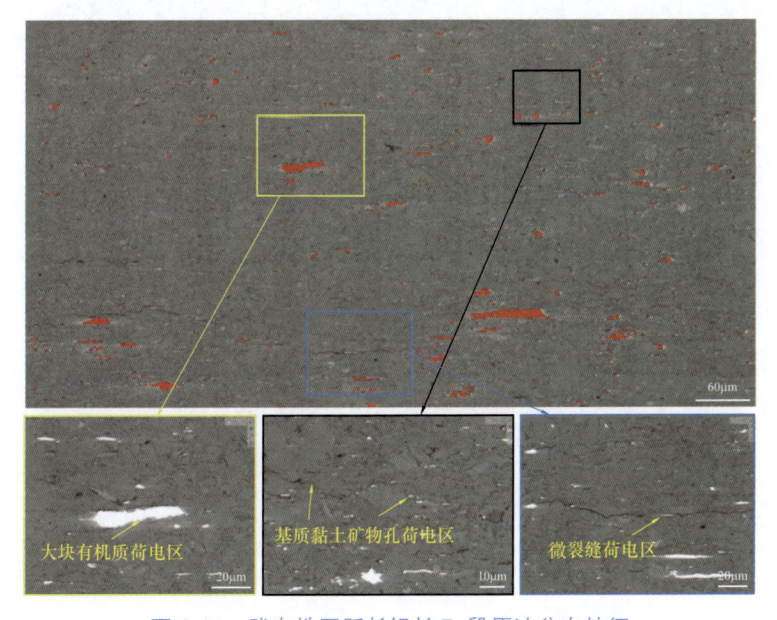

图 2.14 陇东地区延长组长 7_3 段原油分布特征

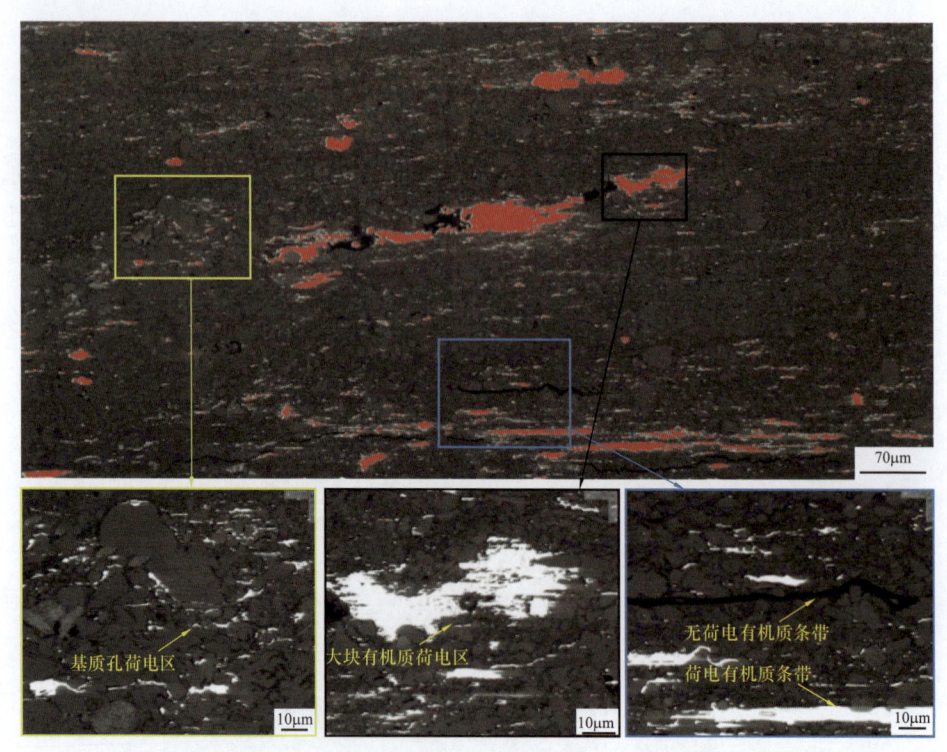

图 2.15　沧东凹陷孔店组孔二段原油分布特征

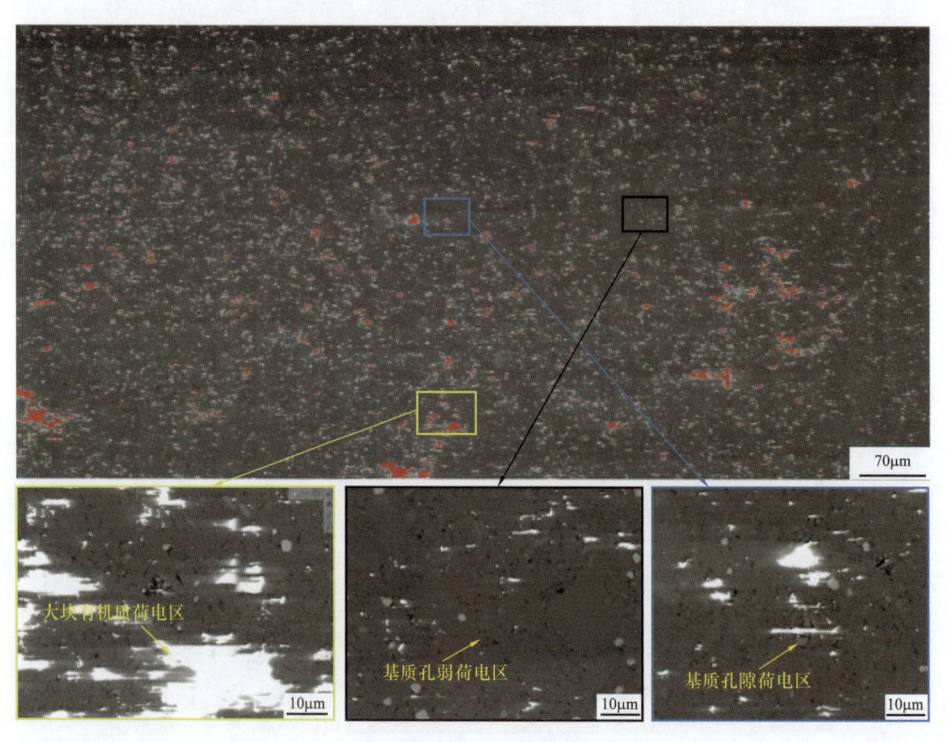

图 2.16　长岭凹陷青山口组青一段原油分布特征

原油荷电分布技术可给出可动油与孔隙、有机质条带的伴生情况，从而更好地揭示这部分原油的可动用性[10]。进一步结合原动电荷分布的有机地球化学数据，得出4个地区页岩样品可动油占比，分别如下：吉木萨尔凹陷芦草沟组样品可动油占比为5%~30%，陇东地区延长组长7_3段样品可动油占比为15%~30%，沧东凹陷孔店组孔二段样品可动油占比为2%~10%，长岭凹陷青山口组青一段样品可动油占比为10%~25%。

相对于高孔隙度、高渗透率的常规储层，页岩油储层在微观尺度上以纳米孔隙为主。而通过对北美众多页岩油储层生产数据及储层分子模拟分析表明，页岩油储层纳米孔隙中原油的流动性是制约其采收率的关键地质因素之一[11-13]。在页岩油储层纳米孔隙中，原油主要以游离态和吸附态两种形式存在[14-16]。由于微纳米孔隙具有更小的孔隙半径和更大的比表面积，会造成原油与孔隙壁部矿物/有机质的接触程度明显强于微米级孔隙，造成原油流动性降低，同时原油自身的成分也在很大程度上影响了其在纳米孔隙中的流动性，分子越大，极性越强的原油越难以流动[17]，因此将页岩油孔隙结构和含油性特征结合到一起进行研究可以更加有效地评价页岩油勘探开发潜力，为页岩油甜点优选提供科学依据[18]。

2.6 原油成分

分步抽提的方法被广泛地应用于油气充注[19-20]和泥页岩中可溶有机质成分的研究[21]，本书利用分步抽提方法对高TOC层状黏土质页岩、中—高TOC纹层状混合质页岩和低TOC互层状长英质页岩三类岩相进行抽提分析：第一步用正己烷进行抽提，根据相似相溶的原理，正己烷极性较弱，所抽提出的产物极性也相对较弱[22]；第二步用二氯甲烷和甲醇按9:1的比例对混合后的溶液进行抽提，此步溶剂极性最强，所抽提出的产物极性明显强于第一步所抽提出的产物。

对两步抽提出的产物进行色谱分析，结果显示同一岩相不同步骤抽提物中的Pr/Ph值变化差异不大，正构烷烃碳数分布特征差异显著。对于高TOC层状黏土质页岩，两步抽提出的产物相对相似，正己烷抽提产物在C_{25}左右出现单一主峰[图2.17（a）]，二氯甲烷和甲醇（9:1）混合溶液抽提产物存在两个主峰，分别出现在C_{17}和C_{25}左右[图2.17（b）]；对于中—高TOC纹层状混合质页岩和低TOC互层状长英质页岩，正己烷抽提出的产物主峰主要在C_{17}以下，自低碳数向高碳数呈单斜形态[图2.17（c）和图2.17（e）]，二氯甲烷和甲醇（9:1）混合溶液抽提产物存在两个主峰，分别出现在C_{17}和C_{25}左右[图2.17（d）和图2.17（f）]。对于同一步骤，不同岩相的抽提产物存在明显差异，正己烷抽提产物中高TOC层状黏土质页岩低碳数成分较少，而中—高TOC纹层状混合质页岩和低TOC互层状长英质页岩以低碳数成分为主，且中—高TOC纹层状混合质页岩高碳数成分略多于低TOC互层状长英质页岩。二氯甲烷和甲醇（9:1）混合溶液抽提产物中三类岩相具有相似的分布特征，但含量自高TOC层状黏土质页岩、中—高TOC纹层状混合质页岩和低TOC互层状长英质页岩逐渐降低。综合而言，这三类岩相具有明显的含油性差异。

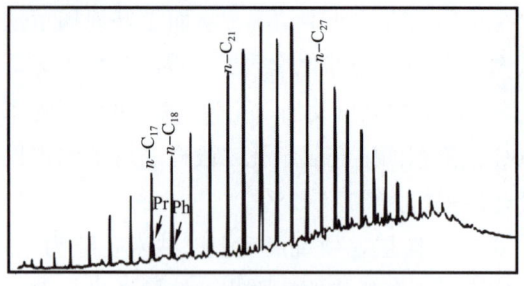

(a) 2428.71m，高TOC层状黏土质页岩
正己烷抽提出产物色谱图

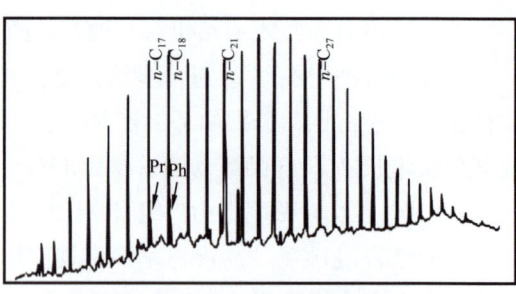

(b) 2428.71m，高TOC层状黏土质页岩
二氯甲烷和甲醇（9:1）混合溶液抽提出产物色谱图

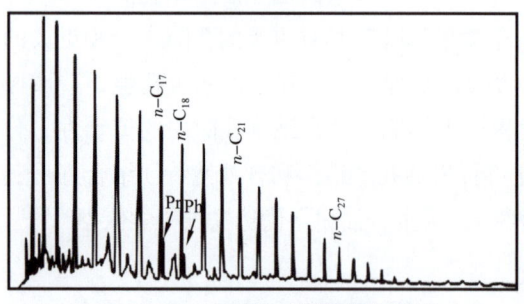

(c) 2472.09m，中—高TOC纹层状混合质页岩
正己烷抽提出产物色谱图

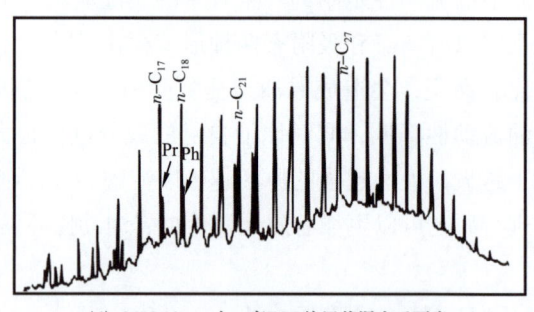

(d) 2472.09m，中—高TOC纹层状混合质页岩
二氯甲烷和甲醇（9:1）混合溶液抽提出产物色谱图

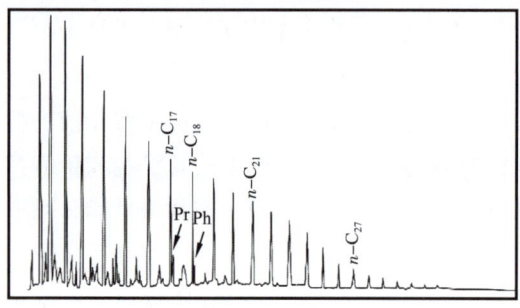

(e) 2514.56m，低TOC互层状长英质页岩
正己烷抽提出产物色谱图

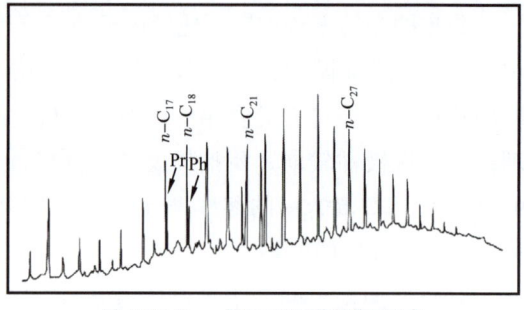

(f) 2514.56m，低TOC互层状长英质页岩
二氯甲烷和甲醇（9:1）混合溶液抽提出产物色谱图

图2.17 分步抽提出原油色谱图

在抽提前，高TOC层状黏土质页岩热解的S_1和S_2含量最高，S_1（300℃以前产物为岩石中可溶有机物质或吸附物）分布在0.55～1.00mg/g，平均为0.74mg/g；S_2（300～500℃为干酪根热解产物）分布在4.89～9.97mg/g，平均为6.77mg/g。中—高TOC纹层状混合质页岩S_1和S_2含量中等，S_1分布在0.33～0.52mg/g，平均为0.44mg/g；S_2分布在3.42～4.89mg/g，平均为4.14mg/g。低TOC互层状长英质页岩S_1和S_2含量最低，S_1分布在0.03～0.13mg/g，平均为0.06mg/g；S_2分布在0.15～0.92mg/g，平均为0.44mg/g。

在正己烷抽提后，高TOC层状黏土质页岩和中—高TOC纹层状混合质页岩的S_1和S_2下降幅度均较大，S_1未降到0，但低TOC互层状长英质页岩的S_1和S_2几乎降到0。

在二氯甲烷和甲醇（9:1）混合溶液抽提后，所有岩相S_1几乎降为0，高TOC层状黏土质页岩和中—高TOC纹层状混合质页岩的S_2进一步下降（图2.18）。

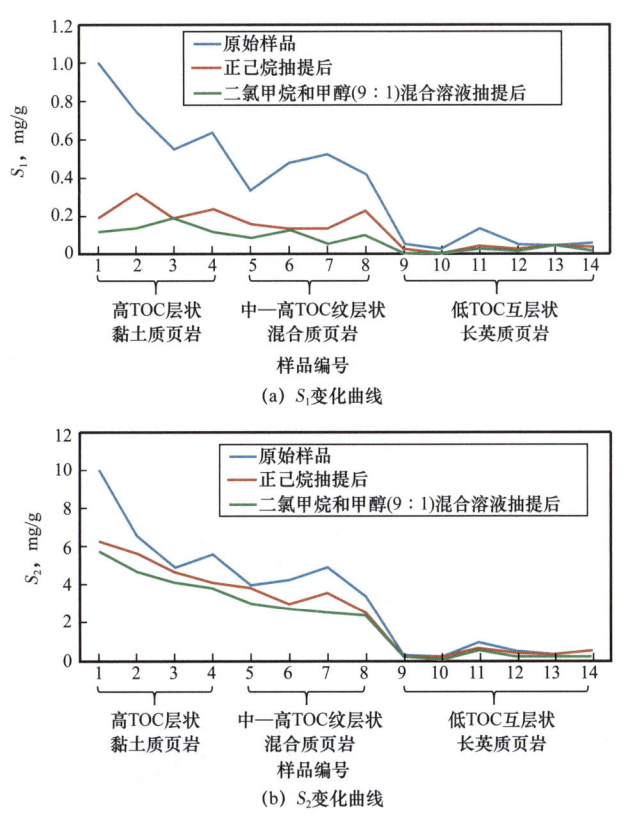

图 2.18 分步抽提后热解参数的变化

2.7 原油分布特征

通过荧光薄片的观察可以发现不同岩相中具有不同的含油特征。以松辽盆地长岭凹陷吉页油 1 井为例，在高 TOC 层状黏土质页岩中，以棕黄色的荧光为主，见少量淡蓝色荧光，但棕黄色荧光分布较为分散，以星点状弥漫在整个样品中，少见连片分布的区域，显示高 TOC 层状黏土质页岩中以极性较强难流动的重质原油组分为主，且分布较为分散 [图 2.19（a）]。中—高 TOC 纹层状混合质页岩中可见淡蓝色荧光，且单个淡蓝色荧光区域的面积较大，呈条带状断续分布，可见少量棕黄色荧光 [图 2.19（b）]，显示中—高 TOC 纹层状混合质页岩中以极性较弱易流动的轻质原油组分为主，部分区域含有极性较强难流动的重质原油组分。低 TOC 互层状长英质页岩中见淡蓝色荧光区域，连片性较好，砂质纹层中偶见面积较大的棕黄色荧光区域，分布较为孤立，而周围的泥岩中见极少量棕黄色荧光区域 [图 2.19（c）]，显示低 TOC 互层状长英质页岩中以极性较弱易流动的轻质原油组分为主[23]。

通过分步抽提的方法结合氮气吸附实验研究不同性质原油在不同岩相中的分布特征。首先对原始样品不做任何处理进行氮气吸附实验，可以获得原始样品未被原油占据的孔隙空间分布特征，这一部分空间之前可能由易挥发的轻质原油占据；然后用正己烷对样品进行洗油,此步骤洗掉的原油主要为极性较弱易流动的组分;正己烷洗油结束后对岩石样品进行氮气吸附实验,此时获得的孔隙空间主要为极性较弱易流动组分和易挥发组分所占据的孔隙空间;接下来利用二氯甲烷对样品进行洗油[24],此步骤洗掉的原油主要为极性较强难以流动的组分;二氯甲烷洗油结束后对岩石样品进行氮气吸附实验,此时获得的孔隙空间基本为泥页岩中所有原油所占据的孔隙空间,也可能存在极难被二氯甲烷抽提的组分,在此不进行讨论。

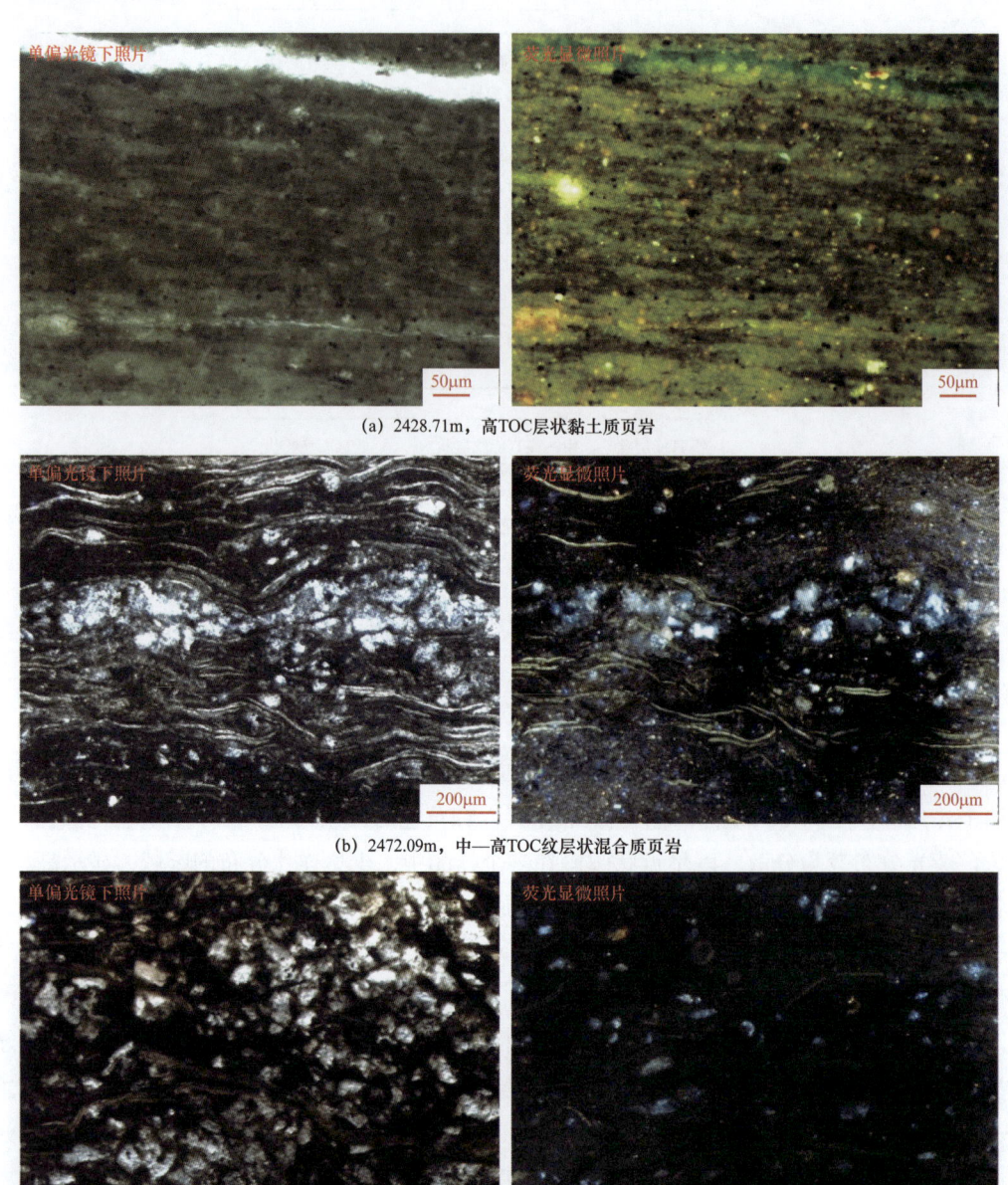

(a) 2428.71m,高TOC层状黏土质页岩

(b) 2472.09m,中—高TOC纹层状混合质页岩

(c) 2510.82m,低TOC互层状长英质页岩

图2.19 松辽盆地长岭凹陷吉页油1井不同岩相荧光分布特征

分步抽提实验后，各岩相具有明显差异的孔隙变化特征（图2.20）。对于高TOC层状黏土质页岩，原始样品中未被原油占据的空间体积较小，仅为0.0023cm^3/g，主要分布在8~64nm的孔径中。在正己烷抽提出极性较弱的易流动组分后，孔隙空间明显增加，变为0.0076cm^3/g，主要增加的孔隙空间分布在小于35nm的孔隙空间内。在二氯甲烷抽提出极性较强的难流动组分后，孔隙空间进一步增加，变为0.0137cm^3/g，小于35nm的孔隙空间进一步增加，同时大于35nm的孔隙空间略有增加［图2.20（a）］。这主要由于高TOC层状黏土质页岩以孔径较小的伊利石晶间孔为主，自身大孔径就相对较少，因此大于35nm的孔隙空间增长有限；同时高TOC层状黏土质页岩自身具有较强的生烃能力，生成的原油中既有极性较弱易流动组分，又有极性较强难流动组分，直接聚集在泥页岩内部，即使小孔隙内也有大量难流动组分。从总孔隙体积变化上可以认识到，高TOC层状黏土质页岩中所含极性较强难流动组分所占孔隙体积明显高于极性较弱易流动组分所占孔隙体积［图2.20（b）］。

中—高TOC纹层状混合质页岩原始孔隙量明显高于高TOC纹层状黏土质页岩，达到0.0071cm^3/g，主要分布在大于8~64nm孔径范围内。正己烷抽提出极性较弱的易流动组分后，孔隙量增加为0.0138cm^3/g，各孔径范围具有较大幅度增加。二氯甲烷抽提出极性较强的难流动组分后，孔隙量进一步增加为0.0177cm^3/g，在小于35nm的孔隙范围内孔隙增量最大，虽然在35~128nm处孔隙量减小，但出现大量大于128nm的孔隙，主要由于极性较强难流动组分占据大孔隙时，单个孔隙体积较小，在被二氯甲烷抽提出后，单个大孔隙中的孔隙空间得到恢复［图2.20（c）］。从总孔隙体积变化上可以认识到，中—高TOC纹层状混合质页岩中所含极性较强难流动组分所占孔隙体积明显低于极性较弱易流动组分所占孔隙体积［图2.20（d）］。

低TOC互层状长英质页岩原始孔隙量明显高于前两类岩相，特别是在小于35nm的孔隙空间范围内，达到0.0085cm^3/g，可能是低TOC互层状长英质页岩中易挥发组分较多，在岩心取出后短时间内就已经挥发。在正己烷抽提后，低TOC互层状长英质页岩各孔径范围的孔隙空间均有较大增加，变为0.0158cm^3/g。在二氯甲烷抽提后，孔隙空间增加幅度有限，变为0.0163cm^3/g，在小于35nm孔隙空间范围内低TOC互层状长英质页岩孔隙空间基本没有增加，在大于35nm孔隙空间范围内孔隙空间有少量的增加，表明大孔隙中含有少量的极性较强难流动组分［图2.20（e）］。总孔隙体积变化上可以认识到高TOC层状黏土质页岩中所含极性较强难流动组分含量很低，所占孔隙体积明显低于极性较弱易流动组分所占孔隙体积［图2.20（f）］。

综合正己烷和二氯甲烷抽提后的总孔隙增量可以认识到，不同岩相所含的原油组分具有明显差异。高TOC层状黏土质页岩中极性较强难流动组分所占的孔隙体积明显高于极性较弱易流动组分所占孔隙体积，进一步表明高TOC层状黏土质页岩中以极性较强难流动组分为主；中—高TOC纹层状混合质页岩中极性较弱易流动组分所占孔隙体积明显高于极性较强难流动组分所占孔隙体积；低TOC互层状长英质页岩中基本不含极性较强难流动组分，以极性较弱易流动组分为主，但总含油量较低，资源量明显低于其他两类岩相（图2.21）。

(a) 2428.71m，高TOC层状黏土质页岩不同孔隙直径下孔隙体积增量

(b) 2428.71m，高TOC层状黏土质页岩孔隙体积增量

(c) 2472.09m，中—高TOC纹层状混合质页岩不同孔隙直径下孔隙体积增量

(d) 2472.09m，中—高TOC纹层状混合质页岩孔隙体积增量

(e) 2510.82m，低TOC互层状长英质页岩不同孔隙直径下孔隙体积增量

(f) 2510.82m，低TOC互层状长英质页岩孔隙体积增量

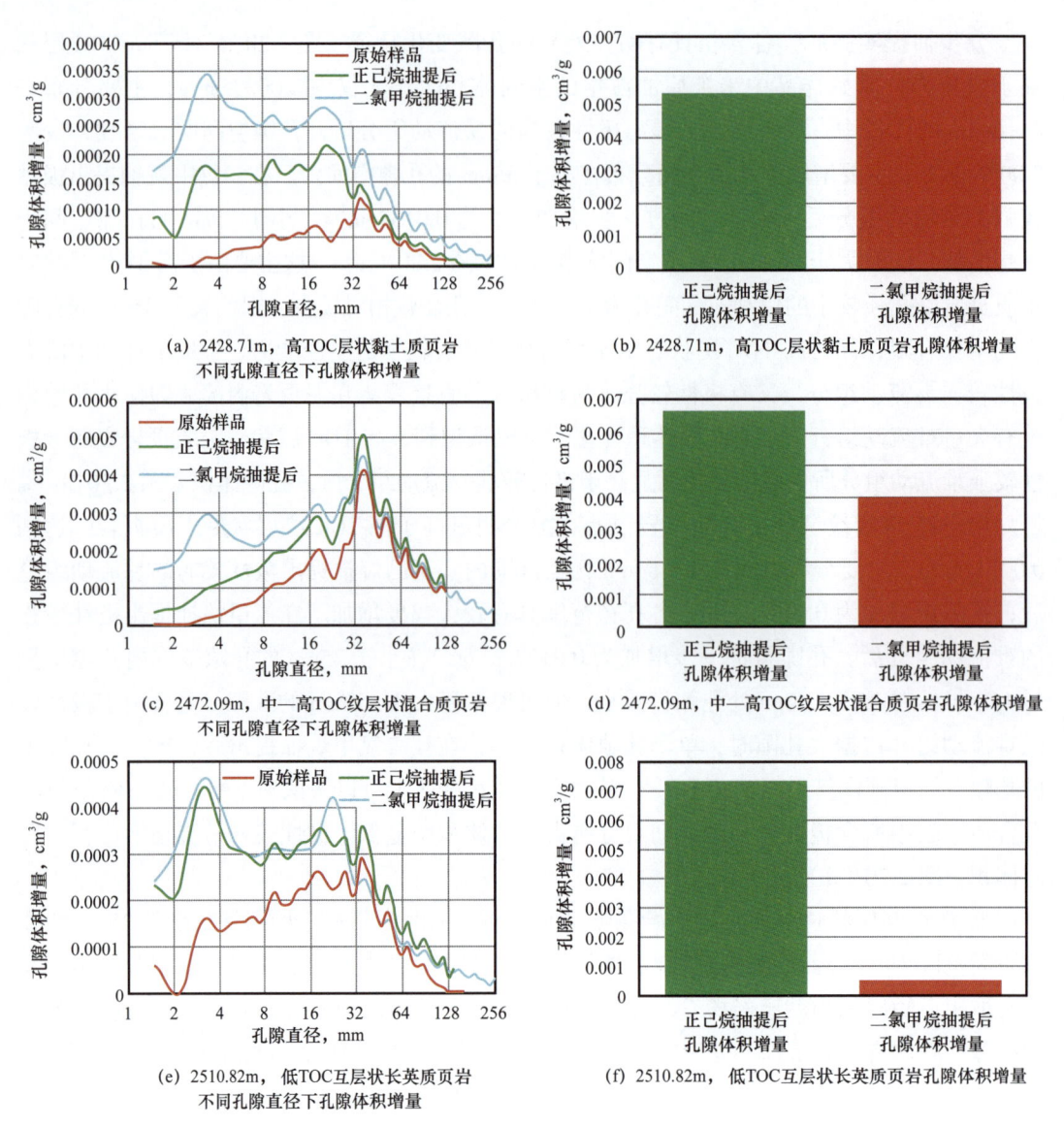

图 2.20　吉页油 1 井不同岩相原油分布特征

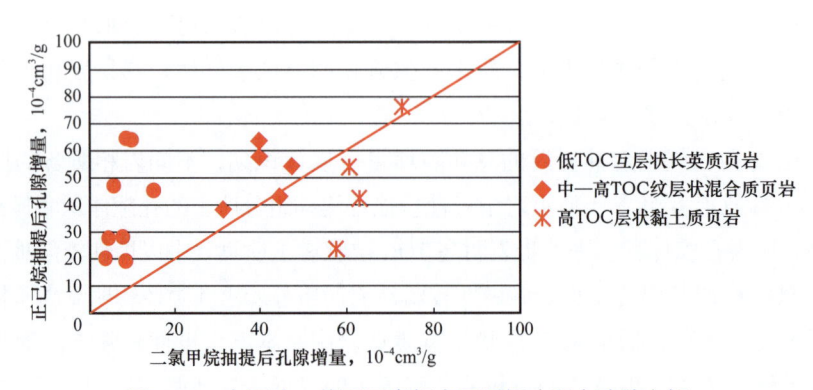

图 2.21　吉页油 1 井不同岩相中不同组分所占孔隙空间

综合分步抽提后的氮气吸附数据和荧光薄片观察结果，可以认识到不同岩相含油性的差异，高 TOC 层状黏土质页岩中极性较强难流动组分和极性较弱易流动组分同时分布在小于 35nm 黏土晶间孔之中；中—高 TOC 纹层状混合质页岩中极性较弱易流动组分分布在所有孔隙空间，极性较强难流动组分主要分布在小于 35nm 黏土晶间孔中；低 TOC 互层状长英质页岩中易挥发组分可能分布在小于 35nm 黏土晶间孔中，极性较弱易流动组分分布在所有孔隙空间之中，而极性较强难流动组分在小于 35nm 黏土晶间孔中基本没有分布，主要分布在大于 35nm 的粒间孔中。

2.8 原油分布主控因素

原始孔隙量主要为早期未被原油充填空间或者极轻质易挥发组分所占据的空间[25]，在实验前就挥发散失，易流动组分所占孔隙空间为正己烷抽提出的原油所占据的孔隙空间，难流动组分所占孔隙空间为二氯甲烷和甲醇（9:1）混合溶液抽提出的原油所占据的孔隙空间。从长岭凹陷吉页油 1 井青一段泥页岩不同岩相中不同性质原油所占孔隙空间与 TOC 交会图（图 2.22）可以看出，原始孔隙量与 TOC 呈指数负相关关系，相关系数 R^2 可达 0.8033；难流动组分所占孔隙量与 TOC 呈线性正相关关系，相关系数 R^2 可达 0.8451；易流动组分所占孔隙量与 TOC 呈拱形关系，TOC 在 0~1.5% 区间，易流动组分所占孔隙量随 TOC 增加而逐渐增大，在 TOC 大于 1.5% 后，易流动组分所占孔隙量随 TOC 增加而逐渐减小。在单独岩相中，中—高 TOC 纹层状混合质页岩和高 TOC 层状黏土质页岩中易流动组分所占孔隙量与 TOC 分布呈线性负相关关系和指数负相关关系，相关系数 R^2 分别为 0.5479 和 0.8677。

长岭凹陷青一段所有岩相的有机质成熟度均处于生烃窗口，页岩油富集在很大程度上受控于有机质类型和 TOC。高 TOC 层状黏土质页岩和中—高 TOC 纹层状混合质页岩发育 II$_1$ 型干酪根，TOC 普遍大于 1%，为有效的烃源岩；而低 TOC 互层状长英质页岩发育 II$_2$ 型和 III 型干酪根，TOC 普遍低于 0.7%，为较差的烃源岩。从烃源岩品质上可以认识到，高 TOC 层状黏土质页岩和中—高 TOC 纹层状混合质页岩自身可以生成大量油气，并可以向周围储层供烃；而低 TOC 互层状长英质页岩自身生烃能力差，不能产生大量的油气，只能靠外部供烃，这也解释了原始孔隙量与 TOC 呈负相关关系的现象。在油气生成阶段，可以同时生成轻质弱极性易流动组分和重质极性难流动组分。重质极性难流动组分直接吸附在油润湿的干酪根表面，因此高 TOC 既可以生成大量重质极性难流动组分，又可以吸附大量重质极性难流动组分，这就解释了重质极性难流动组分与 TOC 呈正相关关系的现象。在生烃阶段，随着 TOC 的增加，生成的油气量逐渐增加。在低 TOC 泥页岩中孔隙量足够多，可以同时容纳轻质弱极性易流动组分和重质极性难流动组分，因此随着 TOC 增加，轻质弱极性易流动组分所占孔隙空间逐渐增加，而在 TOC 增加到一定程度后，孔隙空间不足以同时容纳所生成的轻质弱极性易流动组分，并且重质极性难流动组分相对于轻质弱极性易流动组分更易于吸附在有机质的表面，留在原位，由于色层效应，轻质弱极性易流动组分被逐渐

(a) 原始孔隙量与TOC交会图

(b) 易流动组分所占孔隙量与TOC交会图

(c) 难流动组分所占孔隙量与TOC交会图

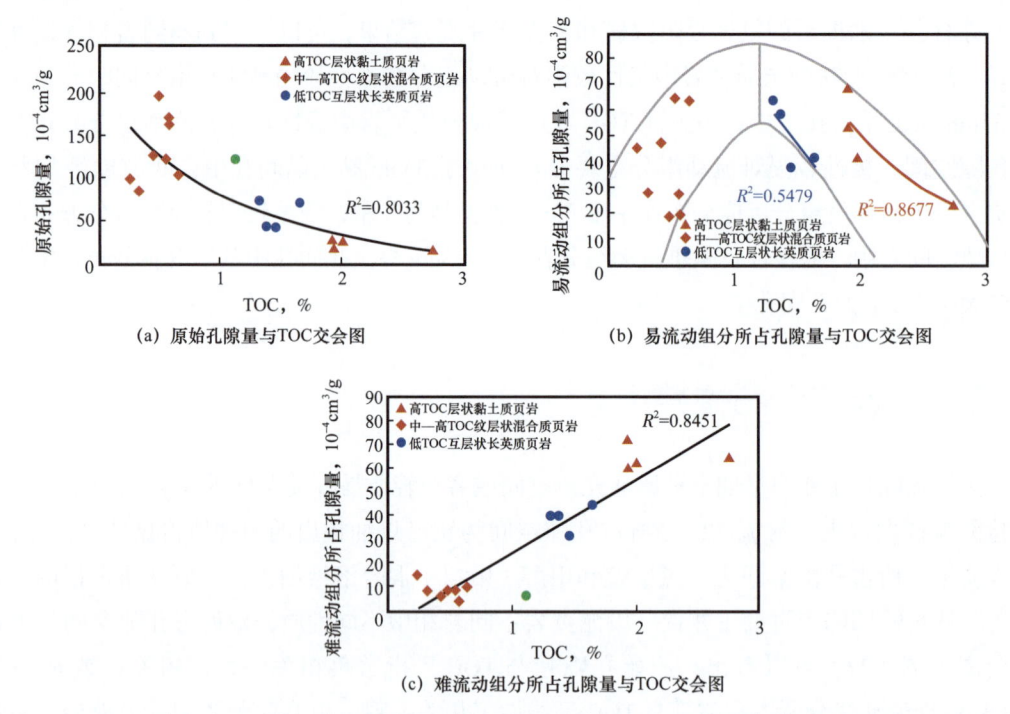

图 2.22　吉页油 1 井青一段泥页岩不同岩相中不同性质原油所占孔隙空间与 TOC 交会图

排出（图 2.23），这也解释了随着 TOC 增加，轻质弱极性易流动组分所占孔隙空间先增大后减小的现象。因此由于生烃能力和吸附能力，TOC 在很大程度上控制了原油在孔隙中的分布，并且从图 2.22 中可以看出 TOC 在 0.7%～2.0% 的区间为轻质弱极性易流动组分最富集的区间。

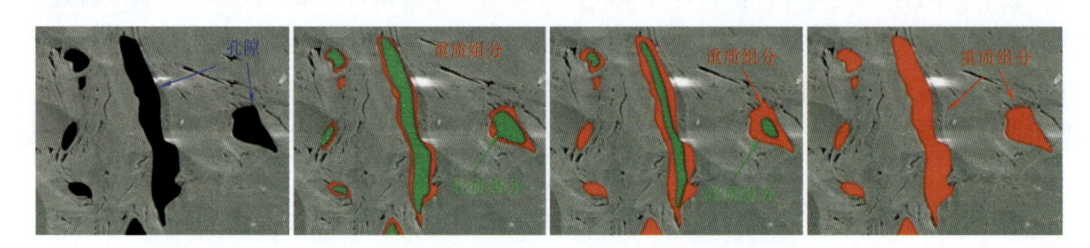

图 2.23　吉页油 1 井青一段页岩油储层充注模式

黏土矿物和长英质矿物为青一段页岩油储层的主要组成矿物，同时含有一定量的方解石和白云石。在所有岩相中，原始孔隙量与黏土矿物含量呈中等程度的线性正相关关系，但在单独岩相中却存在相反的趋势，在低 TOC 互层状长英质页岩中，原始孔隙量与黏土矿物含量呈中等程度的负相关线性关系，R^2 为 0.5248［图 2.24（a）］。在所有岩相中，黏土矿物含量与 TOC 的变化趋势基本一致，也就是黏土矿物含量的增加在一定程度上代表了 TOC 的增加，这也解释了在总体上原始孔隙量与黏土矿物具有中等程度的线性正相关关系的现象，但并不能完全代表 TOC 的增加，因此 TOC 与黏土矿物含量的相关性差于 TOC 与原始孔隙量的相关性。对于低 TOC 互层状长英质页岩，其 TOC 本来就很低，生烃能力较差，因此其自身产生的油气难以充满其自身较大的孔隙空间，需要外部供烃，但黏土矿物的增加会产生喉道堵塞等现象，不利于油气运移充注进入较大石英长石围成的较大粒间孔。而对于中—高 TOC 纹层状混合质页岩，原始孔隙量与黏土矿物含量无相关关系，表明黏土矿物几乎对该类岩相的原始孔隙量无影响作用。在所有岩相中，重质极性难流动组分所占孔隙量与黏土矿物含量呈较好的正相关关系，R^2 为 0.64 [图 2.24（c）]。由于黏土矿物比长英质矿物和碳酸盐岩矿物具有较大的比表面积，同时形成的孔隙以 3nm 左右的晶间孔为主，因此其具有极强的吸附能力，重质极性难流动组分更容易吸附在黏土矿物表面，且难以流动。在所有岩相中，轻质弱极性易流动组分所占孔隙量与黏土矿物基本无相关性，但在高 TOC 层状黏土质页岩和低 TOC 互层状长英质页岩中，则呈中等程度的负相关关系，R^2 分别为 0.5225 和 0.4921 [图 2.24（b）]，这个现象主要由两个原因造成：（1）黏土矿物的增加会导致尺寸在 3nm 左右的板状黏土矿物晶间孔的增加，降低总体的孔隙量；（2）由于黏土矿物较强的吸附能力，会导致具有较强生烃能力的岩相中的重质极性难流动组分占据更多的小尺寸的黏土矿物晶间孔，进而将轻质弱极性易流动组分从孔隙中排挤而出。总之，有限的储集空间、选择性吸附和较强的生烃能力导致了轻质弱极性易流动组分所占孔隙量随着黏土矿物的增加而减少。

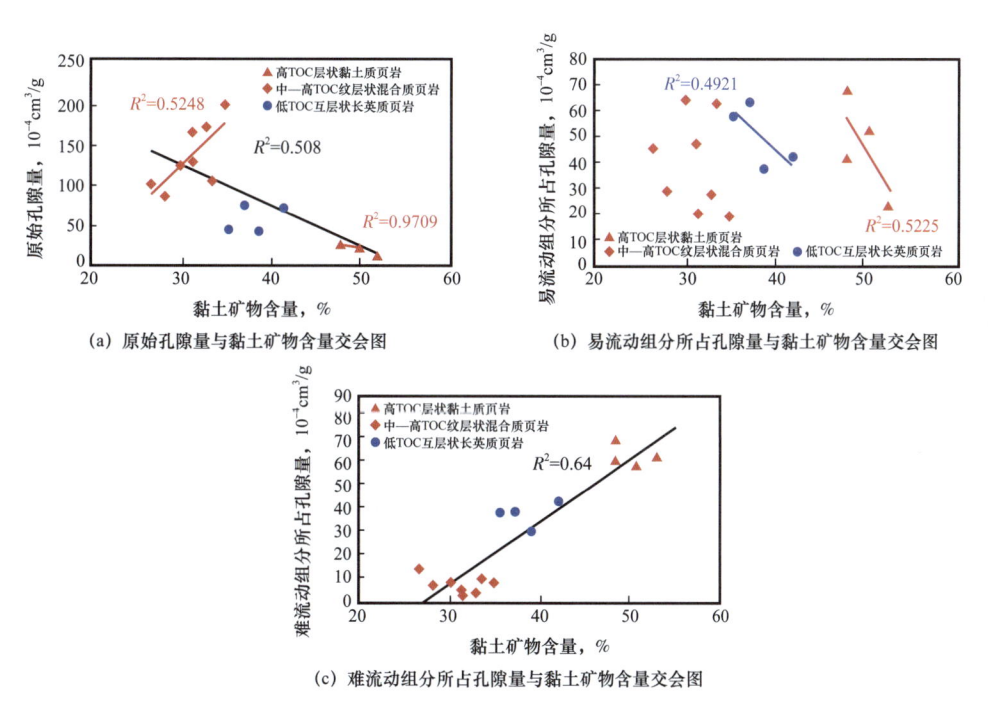

图 2.24　吉页油 1 井青一段泥页岩不同岩相中不同性质原油所占孔隙空间与黏土矿物含量交会图

综上，在生烃能力较强的高 TOC 层状黏土质页岩和中—高 TOC 纹层状混合质页岩中，吸附能力较强的黏土矿物会导致重质极性难流动组分相比轻质弱极性易流动组分更易储集在页岩中；而对于生烃能力较差的低 TOC 互层状长英质页岩，黏土矿物会造成孔隙喉道堵塞，阻碍外部油气充注进入储层。

在所有岩相中，原始孔隙量、轻质弱极性易流动组分和重质极性难流动组分所占孔隙量与碳酸盐岩矿物含量基本无相关性（图 2.25）。在中—高 TOC 纹层状混合质页岩中，轻质弱极性易流动组分所占孔隙量与碳酸盐岩矿物呈较好的正相关关系，R^2 为 0.8242；在低 TOC 互层状长英质页岩中，轻质弱极性易流动组分所占孔隙量与碳酸盐岩矿物呈中等程度的负相关关系，R^2 为 0.3223。主要是由于在生油窗口，可以生成大量有机酸，这些有机酸可以溶蚀碳酸盐岩矿物在其中形成大量的溶蚀孔洞[26]，利于原油的充注储集。对于中—高 TOC 纹层状混合质页岩，其中含有大量碳酸盐岩组成的介形虫壳体，这些壳体既可以与长英质等矿物围成尺寸较大的粒间孔，又可以受溶蚀发育溶蚀孔洞，成为被排挤出的轻质弱极性易流动组分的有效储集空间。对于低 TOC 互层状长英质页岩，其内部的碳酸盐岩矿物主要为次生胶结成因，会造成原始孔隙量的减少，因此碳酸盐岩矿物含量越高，反而会造成孔隙堵塞，不利于油气充注，使得轻质弱极性易流动组分减少。

(a) 原始孔隙量与碳酸盐岩矿物含量交会图

(b) 易流动组分所占孔隙量与碳酸盐岩矿物含量交会图

(c) 难流动组分所占孔隙量与碳酸盐岩矿物含量交会图

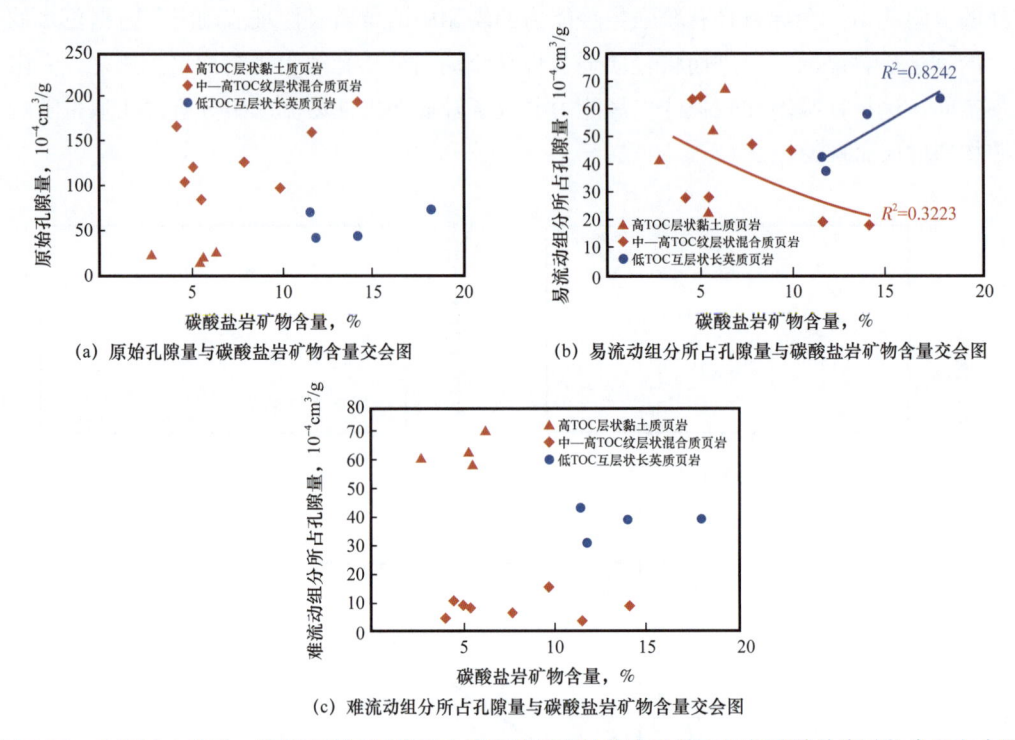

图 2.25　吉页油 1 井青一段泥页岩不同岩相中不同性质原油所占孔隙空间与碳酸盐岩矿物含量交会图

在所有岩相中，原始孔隙量与长英质矿物含量呈中等的正相关线性关系，R^2 为 0.4727，重质极性难流动组分所占孔隙量与长英质矿物呈较好的负相关对数关系，R^2 为 0.6903（图 2.26）。长英质矿物在所有岩相中与 TOC 的变化趋势基本相反，因此总体上原始孔隙量和重质极性难流动组分所占孔隙量与长英质矿物含量的关系会表现出与 TOC 相反的特征。但对于单一的低 TOC 互层状长英质页岩，却呈较好的负相关线性关系，R^2 为 0.7295，主要由于低 TOC 互层状长英质页岩具有较差的生烃能力，因此不能生成足够的油气充满其内部充足的储集空间，需要周围高生烃能力的岩相对其供烃。而长英质矿物会围成尺寸较大的粒间孔，因此长英质矿物含量的增加，会造成大尺寸的粒间孔的增加，同时降低压实作用对孔隙的破坏，进而利于油气的充足，原始孔隙量进而减少，因此在单独的低TOC互层状长英质页岩中，长英质含量与原始孔隙量呈较好的负相关关系。轻质弱极性易流动组分所占孔隙量与长英质矿物含量几乎无相关性，表明长英质矿物对轻质弱极性易流动组分的储集几乎无影响。

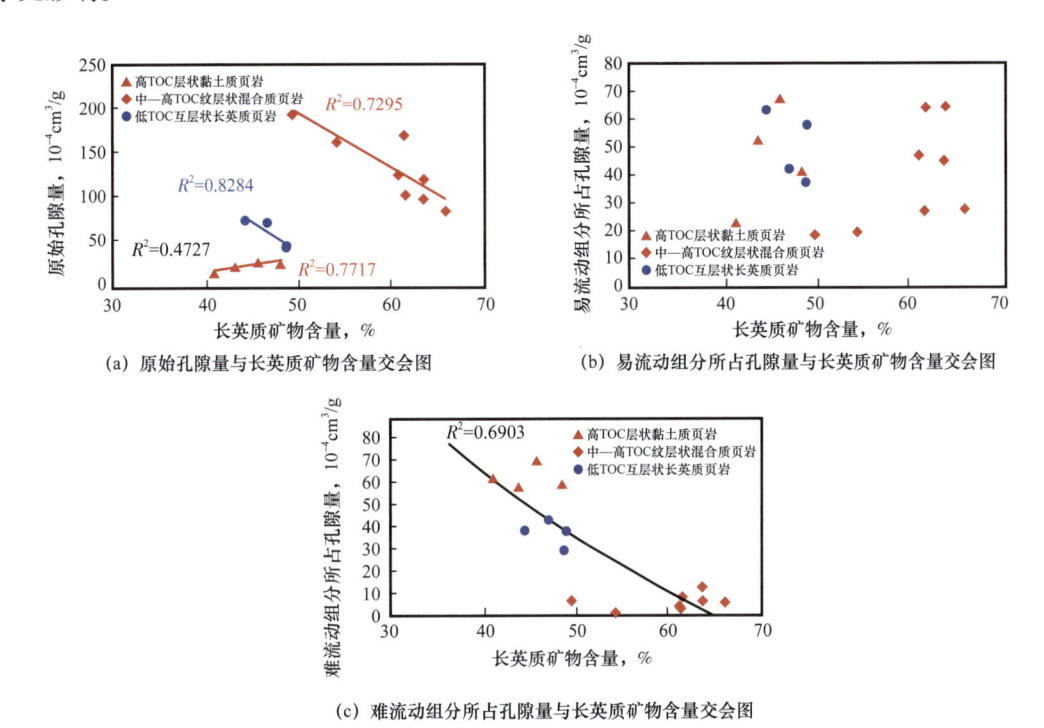

图2.26 吉页油1井青一段泥页岩不同岩相中不同性质原油所占孔隙空间与长英质矿物含量交会图

综上，黏土矿物和TOC对原油在青一段各岩相孔隙中的储集具有决定性的影响作用，其影响程度明显高于碳酸盐岩矿物和长英质矿物。黏土矿物和TOC对于重质极性难流动组分的富集影响作用明显高于轻质弱极性易流动组分。碳酸盐岩矿物只在中—高TOC纹层状混合质页岩中起到对轻质弱极性易流动组分富集的有利作用。

根据孔径范围，可以将页岩的孔隙分为微孔（孔径小于2nm）、介孔（孔径介于2~50nm）、宏孔（孔径大于50nm）三类。总体而言，低TOC互层状长英质页岩中的微孔孔隙量 [（6.08~11.73）×10^{-4}cm^3/g，平均为9.67×10^{-4}cm^3/g] 明显高于中—高TOC纹层状混合质页岩 [（3.21~7.71）×10^{-4}cm^3/g，平均为5.71×10^{-4}cm^3/g] 和高TOC层状黏土质页岩 [（6.22~10.18）×10^{-4}cm^3/g，平均为7.68×10^{-4}cm^3/g]，主要是由于在中—高TOC纹层状混合质页岩和高TOC层状黏土质页岩微孔中的沥青质即使使用二氯甲烷和甲醇（9:1）混合溶液也难以抽提出来，同时低TOC互层状长英质页岩中的微孔中几乎无沥青质，而孔径分布曲线在3nm处出现峰值孔隙主要是由黏土矿物组成的大量晶间孔（图2.27）。在高TOC层状黏土质页岩、中—高TOC纹层状混合质页岩、低TOC互层状长英质页岩三类岩相中，轻质弱极性易流动组分和重质极性难流动组分所占微孔孔隙量存在一定的差异，轻质弱极性易流动组分所占微孔孔隙量在高TOC层状黏土质页岩[（1.03～3.75）×10^{-4}cm³/g，平均为2.58×10^{-4}cm³/g]、中—高TOC纹层状混合质页岩[1.49～4.02）×10^{-4}cm³/g，平均为2.50×10^{-4}cm³/g]和低TOC互层状长英质页岩[（0.39～5.74）×10^{-4}cm³/g，平均为2.59×10^{-4}cm³/g]中基本相近[图2.27（a）]。主要由两个原因造成：（1）在自身生烃能力较差的岩相中，轻质弱极性易流动组分相比重质极性难流动组分更容易充注进入小孔隙；（2）在自生生烃能力较强的岩相中，重质极性难流动组分优先储集在原位，由于微孔体积小，储集空间有限，而使得轻质弱极性易流动组分被排出，也被称为色层效应。重质极性难流动组分所占微孔孔隙量在高TOC层状黏土质页岩[（4.11～6.43）×10^{-4}cm³/g，平均为5.06×10^{-4}cm³/g]和中—高TOC纹层状混合质页岩[（1.40～4.61）×10^{-4}cm³/g，平均为3.05×10^{-4}cm³/g]中最高，明显高于低TOC互层状长英质页岩[（0.02～1.61）×10^{-4}cm³/g，平均为0.69×10^{-4}cm³/g][图2.27（b）]。此现象出现的主要原因为微孔具有极强的吸附能力，在生烃能力强的岩相中，有利于重质极性难流动组分在原位聚集，而微孔又具有极小的孔喉和极大的毛细管力，在生烃能力差的岩相中不利于重质极性难流动组分从外部充注。

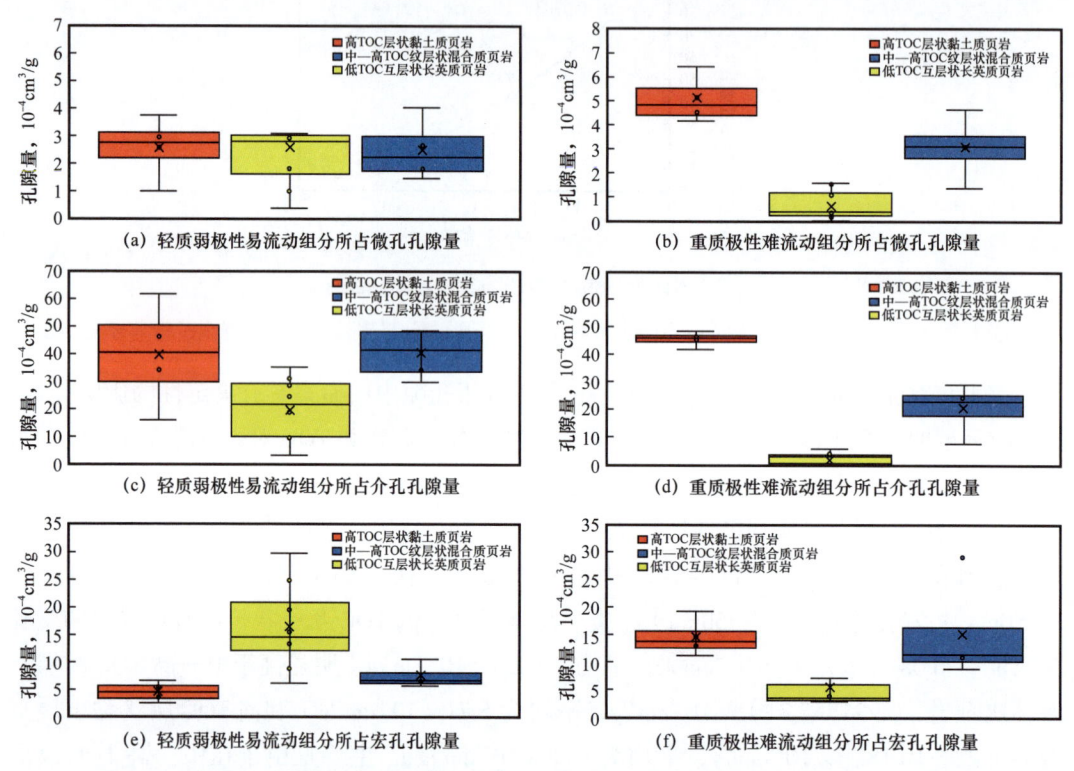

图2.27 吉页油1井青一段泥页岩不同岩相中不同性质原油在不同尺寸孔隙中的孔隙量

介孔为轻质弱极性易流动组分的主要储集空间，轻质弱极性易流动组分所占的介孔孔隙量在中—高TOC纹层状混合质页岩[（29.66～48.69）×10^{-4}cm³/g，平均为40.38×10^{-4}cm³/g]、高TOC层状黏土质页岩[（16.15～61.85）×10^{-4}cm³/g，平均为39.78×10^{-4}cm³/g]和低

TOC 互层状长英质页岩［（9.82～35.55）×10⁻⁴cm³/g，平均为 20.28×10⁻⁴cm³/g］中依次降低［图 2.27（c）］。重质极性难流动组分所占的介孔孔隙量在高 TOC 层状黏土质页岩［（41.76～48.42）×10⁻⁴cm³/g，平均为 45.48×10⁻⁴cm³/g］和中—高 TOC 纹层状混合质页岩［（7.64～28.98）×10⁻⁴cm³/g，平均为 20.57×10⁻⁴cm³/g］中较高，明显高于低 TOC 互层状长英质页岩（0～4.07×10⁻⁴cm³/g，平均为 2.63×10⁻⁴cm³/g）［图 2.27（d）］。在低 TOC 互层状长英质页岩中轻质弱极性易流动组分和重质极性难流动组分所占的介孔孔隙量较低的主要原因为低含油饱和度，而在高 TOC 层状黏土质页岩和中—高 TOC 纹层状混合质页岩中较高的重质极性难流动组分所占的介孔孔隙量主要是由色层效应造成的油气差异聚集引起。

轻质弱极性易流动组分和重质极性难流动组分所占的宏孔孔隙量在不同岩相展现出较为明显的差异。轻质弱极性易流动组分所占的宏孔孔隙量在低 TOC 互层状长英质页岩［（6.14～29.77）×10⁻⁴cm³/g，平均为 16.52×10⁻⁴cm³/g］中明显高于高 TOC 层状黏土质页岩［（2.65～6.62）×10⁻⁴cm³/g，平均为 4.61×10⁻⁴cm³/g］和中—高 TOC 纹层状混合质页岩［（5.75～10.83）×10⁻⁴cm³/g，平均为 7.53×10⁻⁴cm³/g］［图 2.27(e)］。重质极性难流动组分所占宏孔孔隙量在高 TOC 层状黏土质页岩［（11.16～19.31）×10⁻⁴cm³/g，平均为 14.54×10⁻⁴cm³/g］和中—高 TOC 纹层状混合质页岩［（8.77～29.06）×10⁻⁴cm³/g，平均为 15.24×10⁻⁴cm³/g］中要明显高于低 TOC 互层状长英质页岩［（3.14～13.85）×10⁻⁴cm³/g，平均为 5.46×10⁻⁴cm³/g］［图 2.27（f）］。虽然低 TOC 互层状长英质页岩中的总宏孔孔隙量大于高 TOC 层状黏土质页岩和中—高 TOC 纹层状混合质页岩，但宏孔之间的连通性较差，虽然利于油气储集，但不利于油气的运移，因此重质极性难流动组分难以从外部进入低 TOC 互层状长英质页岩的宏孔之中，而轻质弱极性易流动组分却相对容易进入其宏孔之中。

对于微纳米尺度孔隙空间，需要使用孔隙有效性与连通性作为主要描述参数。初步建立了储层多尺度数字岩石综合分析方法，对岩石储集空间进行精细解剖，定量获取孔隙及裂缝空间展布特征参数，包括利用双束场发射扫描电镜大面积图像拼接（MAPS）技术获取储集空间孔缝发育与孔径分布特征，利用 FIB-SEM 三维孔隙结构图像和自编软件，计算岩石相互连通的孔隙体积与总孔隙体积的比值，获得孔隙连通率参数，进而计算不同地区页岩岩心样品有效孔隙度。

参 考 文 献

［1］蒋裕强，付永红，谢军，等.海相页岩气储层评价发展趋势与综合评价体系［J］.天然气工业，2019，39（10）：1-9.

［2］张广智，陈娇娇，陈怀震，等.基于页岩岩石物理等效模型的地应力预测方法研究［J］.地球物理学报，2015，58（6）：2112-2122.

［3］代鹏，丁文龙，何建华，等.地球物理技术在页岩储层裂缝研究中的应用［J］.地球物理学进展，2015，30（3）：1315-1328.

［4］徐赣川，钟光海，谢冰，等.基于岩石物理实验的页岩脆性测井评价方法［J］.天然气工业，

2014, 34（12）: 38-45.

［5］郭旭升. 南方海相页岩气"二元富集"规律——四川盆地及周缘龙马溪组页岩气勘探实践认识［J］. 地质学报, 2014, 88（7）: 1209-1218.

［6］刘大锰, 李俊乾, 李紫楠. 我国页岩气富集成藏机理及其形成条件研究［J］. 煤炭科学技术, 2013, 41（9）: 66-70.

［7］林建东, 任森林, 薛明喜, 等. 页岩气地震识别与预测技术［J］. 中国煤炭地质, 2012, 24(8): 56-60.

［8］黄昌武. 页岩油气压裂理论方法和技术体系初步形成［J］. 石油勘探与开发, 2012, 39（4）: 443-443.

［9］赵海峰, 陈勉, 金衍, 等. 页岩气藏网状裂缝系统的岩石断裂动力学［J］. 石油勘探与开发, 2012, 39（4）: 465-470.

［10］李曙光, 程冰洁, 徐天吉. 页岩气储集层的地球物理特征及识别方法［J］. 新疆石油地质, 2011, 32（4）: 351-352.

［11］Jarvie D M. Shale resource systems for oil and gas: Part 2—Shale-oil resource systems［J］. AAPG Memoir, 2012, 97: 89-119.

［12］Ilgen A G, Heath J E, Akkutlu I Y, et al. Shales at all scales: Exploring coupled processes in mudrocks［J］. Earth-Science Reviews, 2017, 166: 132-152.

［13］谌卓恒, 黎茂稳, 姜春庆, 等. 页岩油的资源潜力及流动性评价方法——以西加拿大盆地上泥盆统Duvernay页岩为例［J］. 石油与天然气地质, 2019, 40（3）: 459-468.

［14］林腊梅, 张金川, 韩双彪, 等. 泥页岩储层等温吸附测试异常探讨［J］. 油气地质与采收率, 2012, 19（6）: 30-32.

［15］蒋启贵, 黎茂稳, 钱门辉, 等. 不同赋存状态页岩油定量表征技术与应用研究［J］. 石油实验地质, 2016, 38（6）: 842-849.

［16］孙龙德, 邹才能, 朱如凯, 等. 中国深层油气形成、分布与潜力分析［J］. 石油勘探与开发, 2013, 40（6）: 641-649.

［17］焦晨雪, 王民, 高阳, 等. 准噶尔盆地玛湖凹陷风南4井区百口泉组砾岩致密油藏地质"甜点"测井评价［J］. 中南大学学报（自然科学版）, 2020, 51（1）: 112-125.

［18］龙鹏宇, 张金川, 唐玄, 等. 泥页岩裂缝发育特征及其对页岩气勘探和开发的影响［J］. 天然气地球科学, 2011, 22（3）: 525-532.

［19］Wilhelms A, Horstad I, Karlsen D. Sequential extraction—a useful tool for reservoir geochemistry?［J］. Organic Geochemistry, 1996, 24（12）: 1157-1172.

［20］Leythaeuser D, Keuser C, Schwark L. Molecular memory effects recording the accumulation history of petroleum reservoirs: a case study of the Heidrun Field, offshore Norway［J］. Marine and Petroleum Geology, 2007, 24（4）: 199-220.

［21］Price L C, Clayton J L. Extraction of whole versus ground source rocks: Fundamental petroleum geochemical implications including oil-source rock correlation [J]. Geochimica et Cosmochimica Acta, 1992, 56 (3): 1213-1222.

[22] 邓春萍, 王汇彤, 陈建平, 等. 煤系烃源岩不同极性溶剂抽提物基本地球化学特征 [J]. 石油勘探与开发, 2005, 32 (1): 48-52.

[23] 李新景, 吕宗刚, 董大忠, 等. 北美页岩气资源形成的地质条件 [J]. 天然气工业, 2009, 29 (5): 27-32.

[24] 李新景, 胡素云, 程克明. 北美裂缝性页岩气勘探开发的启示 [J]. 石油勘探与开发, 2007, 34 (4): 392-400.

[25] 张金川, 薛会, 张德明, 等. 页岩气及其成藏机理 [J]. 现代地质, 2003, 17 (4): 466.

[26] Schieber J. Common themes in the formation and preservation of intrinsic porosity in shales and mudstones–illustrated with examples across the Phanerozoic [C] //SPE Unconventional Gas Conference. OnePetro, 2010.

第3章

岩石矿物—油滴间离子水合桥机理

截至2019年底,采用无偏分子动力学模拟方法和原子力拉伸分子动力学模拟方法,考察了阳离子类型对极性物质—岩石间相互作用的影响机制,对比了极性物质—水—石英体系中 Na^+ 和 Ca^{2+} 在极性物质—石英间的作用机制,研究了含 Na^+ 和 Ca^{2+} 的油—水—固三相体系中,Na^+ 和 Ca^{2+} 对油滴—石英间相互作用的影响,初步得到油滴—石英界面处离子水合桥的微观构象。

▶ 3.1 阳离子类型对极性物质—岩石间相互作用的影响机制

构建极性物质—水—石英模型,在水中分别添加 Na^+ 和 Ca^{2+},开展长时间的无偏分子动力学模拟,获得理想条件下的热力学稳定构型(图3.1)[1-3]。通过分析极性物质、阳离子、石英表面间的静电作用(图3.2与图3.3),极性物质、石英表面和水分子之间的氢键作用(图3.4),Na^+ 和 Ca^{2+} 沿着岩石表面法线方向的分布情况以及 Na^+ 和 Ca^{2+} 周围水分子的分布情况(图3.5),对比了极性物质—水—石英体系中 Na^+ 和 Ca^{2+} 的离子作用。

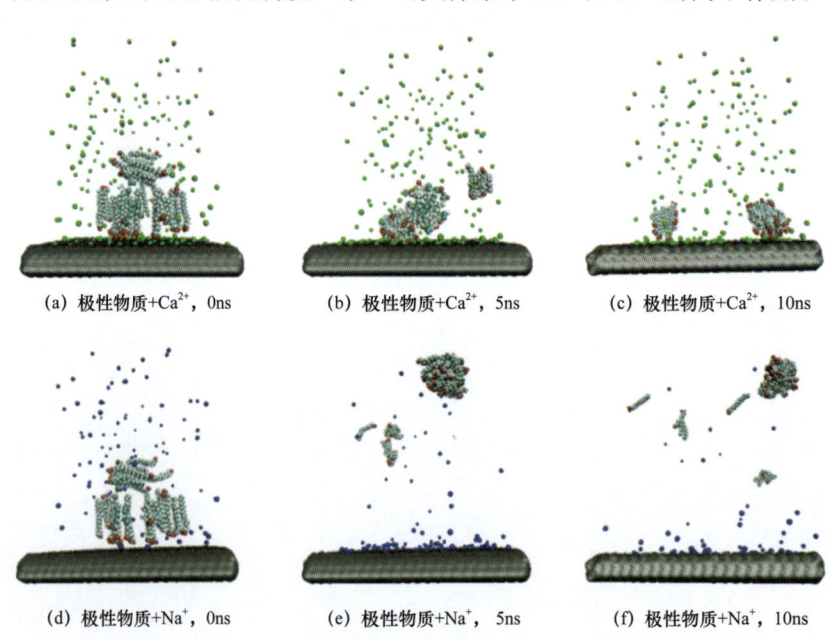

(a) 极性物质+Ca^{2+},0ns　　(b) 极性物质+Ca^{2+},5ns　　(c) 极性物质+Ca^{2+},10ns

(d) 极性物质+Na^+,0ns　　(e) 极性物质+Na^+,5ns　　(f) 极性物质+Na^+,10ns

图3.1 Ca^{2+}、Na^+ 与极性物质构成体系在不同模拟时间下的构象

(a) Na⁺—石英表面

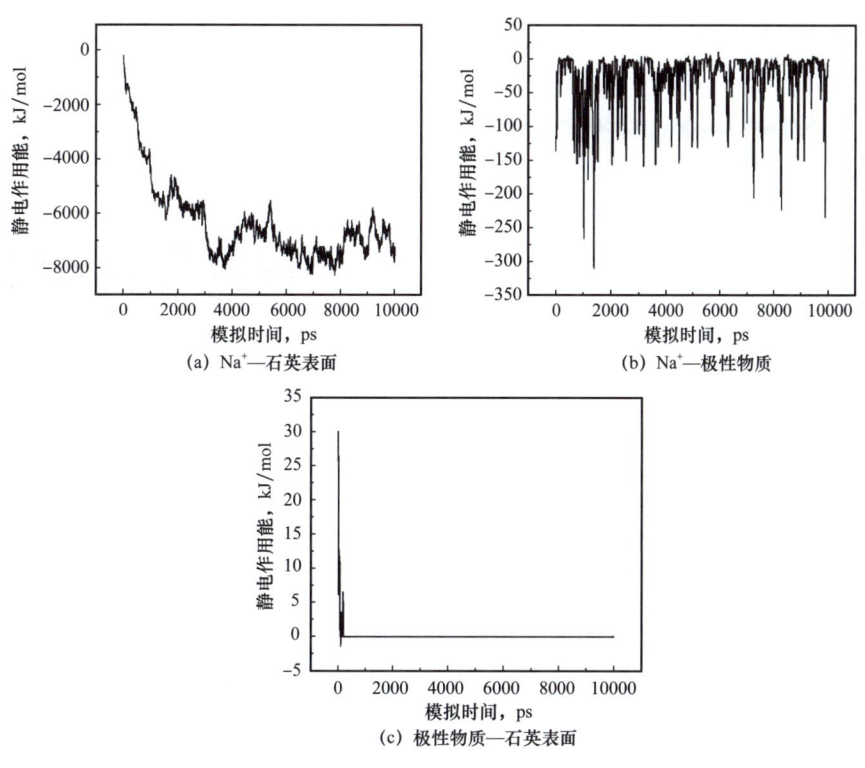

(b) Na⁺—极性物质

(c) 极性物质—石英表面

图 3.2　添加 Na⁺ 体系中极性物质、Na⁺ 和石英表面间的静电作用

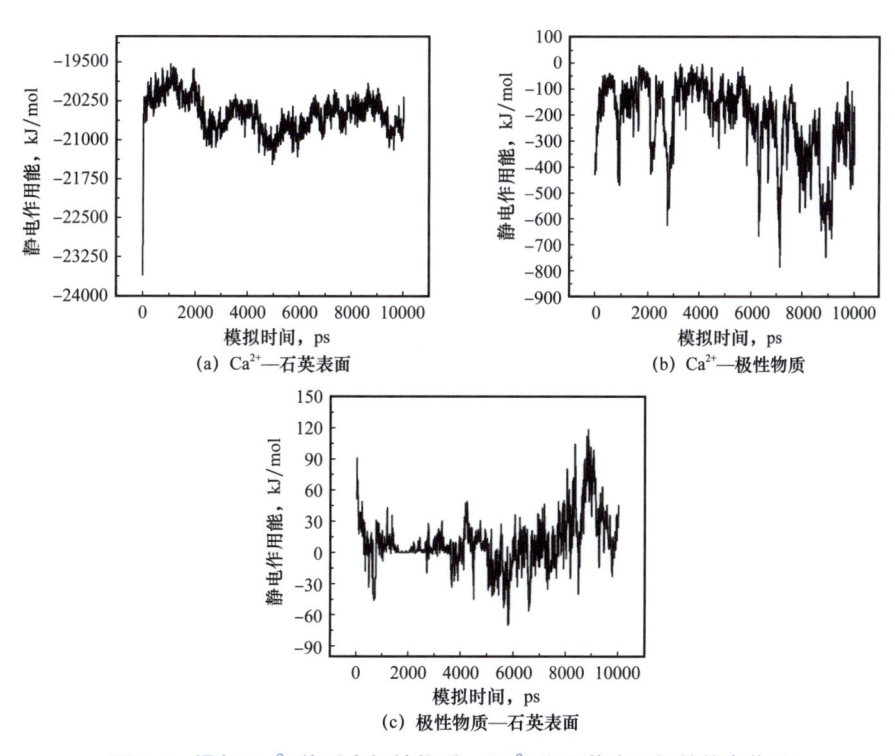

(a) Ca²⁺—石英表面

(b) Ca²⁺—极性物质

(c) 极性物质—石英表面

图 3.3　添加 Ca²⁺ 体系中极性物质、Ca²⁺ 和石英表面间的静电作用

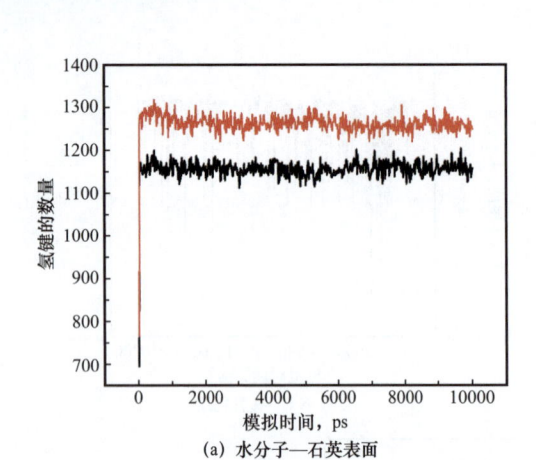

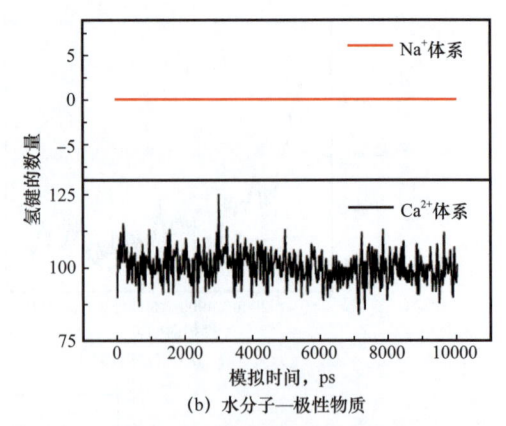

图 3.4 不同体系中水分子与极性物质、石英表面间形成氢键的数量随时间的变化

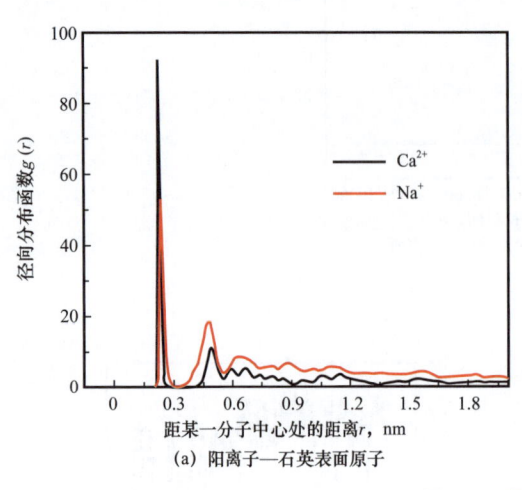

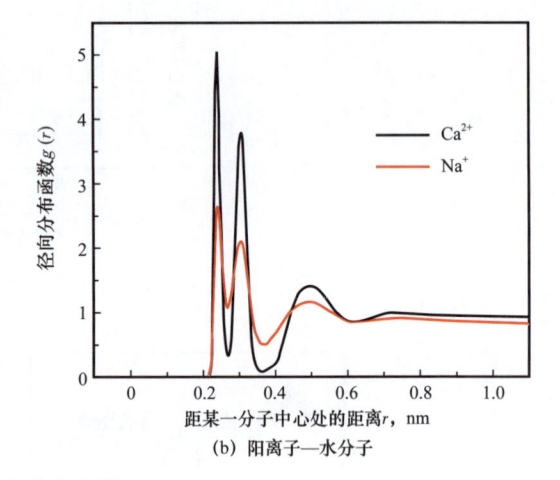

(a) 水分子—石英表面

(b) 水分子—极性物质

图 3.5 径向分布函数

(a) 阳离子—石英表面原子

(b) 阳离子—水分子

通过截至 2019 年底的研究发现：Na^+ 和 Ca^{2+} 在石英表面都有一定的吸附量，Ca^{2+} 能够使极性物质稳定吸附在石英表面，而 Na^+ 不能使极性物质稳定吸附在石英表面。与 Ca^{2+} 相比，Na^+ 在石英表面吸附量较少，Na^+ 周围水分子的配位数较小。Na^+ 的所带电荷少，离子效应没有 Ca^{2+} 强，与石英表面和极性物质间的相互作用较弱，使得有更多的水分子和岩石表面形成氢键，降低了水分子和极性物质形成氢键的概率，导致极性物质难以吸附到石英表面。

3.2 油滴—岩石间离子水合桥的微观构象

构建油滴—水—石英表面模型，在水中加入 Na^+ 体系平衡电荷，初始模型如图 3.6（a）所示[4—5]。采用原子力拉伸分子动力学模拟方法，在油滴的质心位置施加弹簧力，使纳米油滴沿着石英表面法线方向以恒定速度靠近石英表面，模拟油滴在岩石表面吸附过程，模拟结果构型如图 3.6（b）所示。再进行长时间的无偏分子动力学模拟，获得理想条件下的热力学稳定构型［图 3.6（c）］，观察油滴是否可以稳定吸附在石英表面[6]。

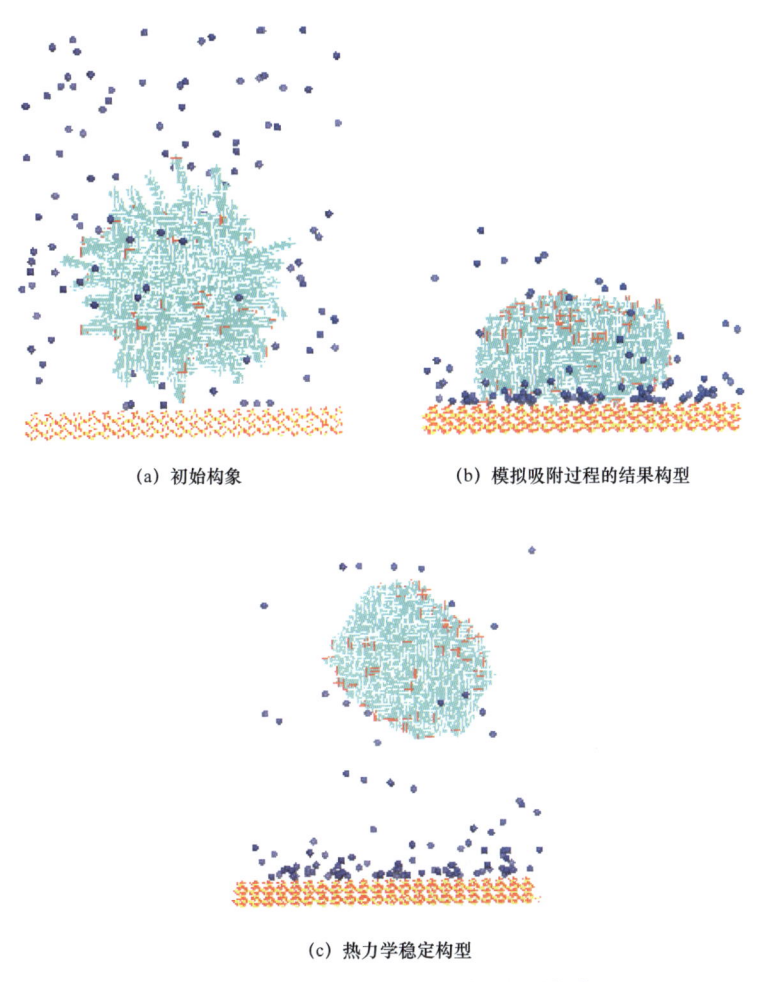

(a) 初始构象

(b) 模拟吸附过程的结果构型

(c) 热力学稳定构型

图 3.6　含 Na⁺ 的油—水—固三相体系的模拟构型图

研究结果发现：在仅含 Na⁺ 的体系中，油滴不能稳定吸附在石英表面上，Na⁺ 能够通过静电作用吸附在石英表面，但是不能够形成离子水合桥的结构。

构建油滴—水—石英表面模型，在水中添加 Ca^{2+}，初始模型如图 3.7（a）所示。采用原子力拉伸分子动力学模拟方法，在油滴的质心位置施加弹簧力，使纳米油滴沿着石英表面法线方向以恒定速度靠近石英表面，模拟油滴在岩石表面吸附过程，模拟结果构型如图 3.7（b）所示。再进行长时间的无偏分子动力学模拟，获得理想条件下的热力学稳定构型［图 3.7（c）］，分析油滴—岩石质心间的距离随模拟时间的变化（图 3.8），明确是否有离子水合桥存在。并对油滴—石英界面处的微观构象进行表征，分析油滴和岩石之间水层厚度，水分子与油滴、石英间形成氢键的数量（表 3.1）以及 Ca^{2+} 周围水分子的排布（图 3.9），从而揭示离子水合桥的微观构象。

(a) 初始构象

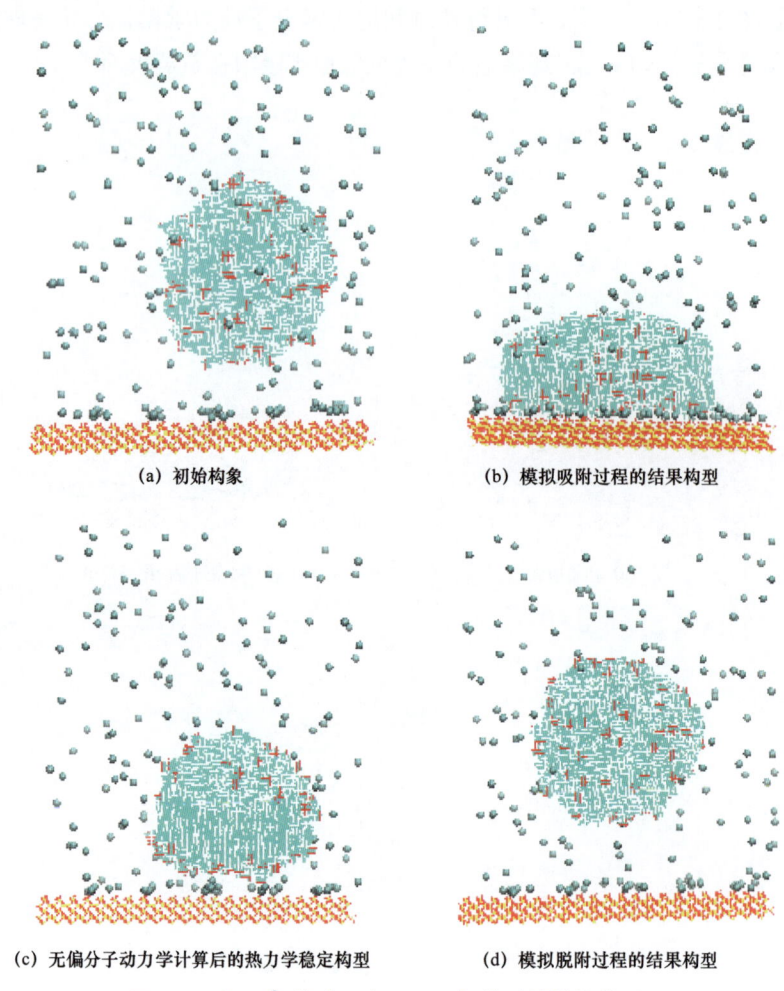

(b) 模拟吸附过程的结果构型

(c) 无偏分子动力学计算后的热力学稳定构型

(d) 模拟脱附过程的结果构型

图 3.7 含 Ca^{2+} 的油—水—固三相体系的模拟构型图

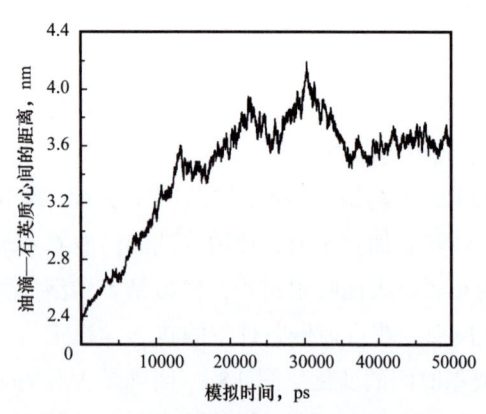

图 3.8 油滴—石英质心间的距离随模拟时间的变化

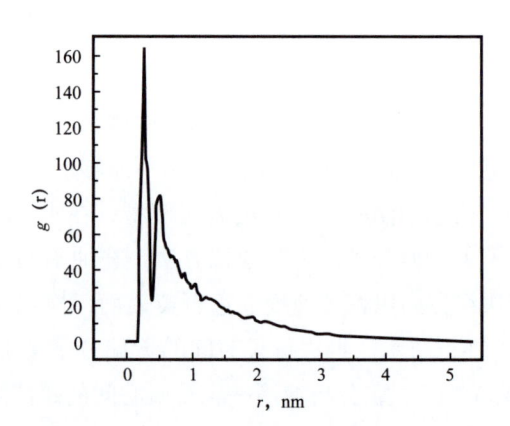

图 3.9 Ca^{2+} 和水分子间的径向分布函数

表 3.1 水分子与油滴组分和石英表面基团间形成的氢键数量

组分或基团	水分子—油滴组分	水分子—石英表面基团
氢键数量	32	235

通过截至 2019 年底的研究发现：油滴—石英质心间的距离最终稳定在 3.6nm 左右，油滴—石英界面处水层的厚度约为 0.9nm。油滴—石英界面处的水分子会与油滴中的极性组分、石英表面形成氢键。除此之外，岩石表面有 Ca^{2+} 吸附，Ca^{2+} 周围的有两层水分子排列规范。由目前的研究结果得到油滴—石英界面处的微观构象如图 3.10 所示：Ca^{2+} 周围有水分子，形成水合钙离子，而水合钙离子的水分子又分别与油滴中的负电活性组分、石英表面的基团形成氢键。

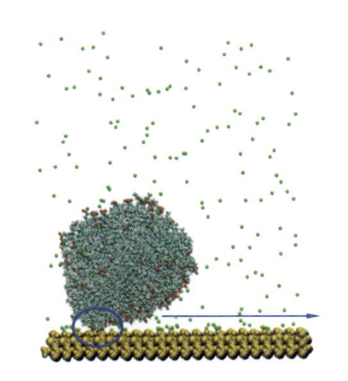

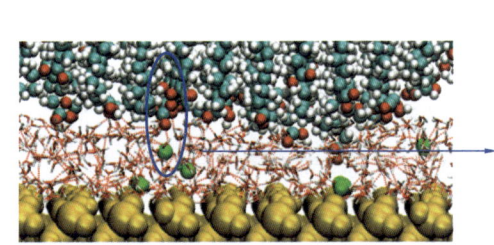

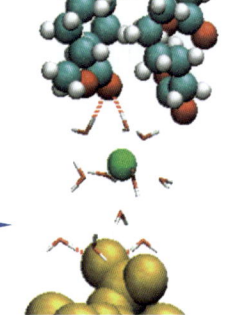

图 3.10 油滴—石英界面处的微观构象

3.3 页岩孔隙中复杂流体与岩石表面的微观作用机理研究

3.3.1 页岩孔隙内流体与岩石相互作用研究概述

页岩基质中的流体成分十分复杂，不仅有成分复杂的油分，还有包含多种离子以及微生物的孔隙水，在微纳米尺度下的孔隙中，油中的极性组分、水、水中的离子及岩石表面之间会产生强的相互作用[7]，使得在驱油过程中油分难以从孔隙中完全剥离，造成驱油效率极低[8]，然而这几种组分相互作用的形式以及作用机理尚不明确，因此本书通过分子动力学模拟来揭示页岩孔隙内油中的极性组分、水、离子以及岩石之间的强相互作用机制。

3.3.2 模型与方法

研制模型由两个高岭石基底组成的狭缝组成，由于高岭石本身的亲水性，将一层 0.3nm 左右的水膜放置在上下高岭石表面上，水膜中放有一定浓度的 NaCl，孔隙中央是辛烷、芳香烃、乙酸、吡啶、噻吩 5 种组分组成的油分（图 3.11）。

(a) 系统模型

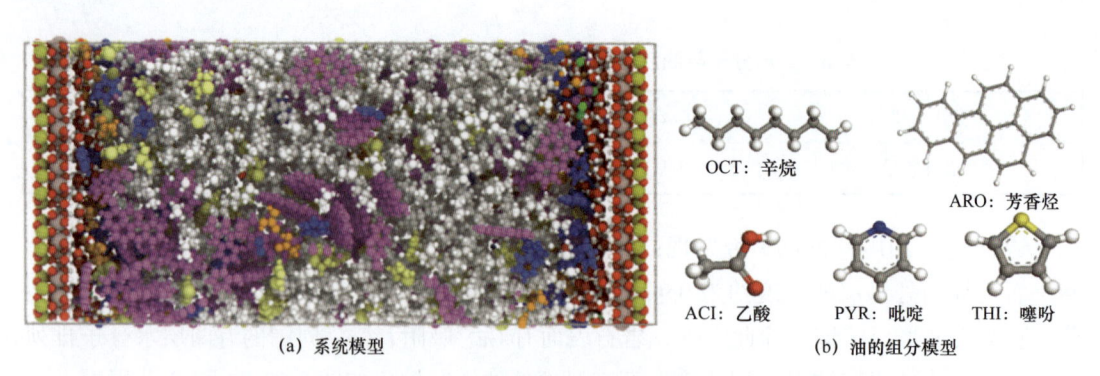

(b) 油的组分模型

OCT：辛烷
ARO：芳香烃
ACI：乙酸
PYR：吡啶
THI：噻吩

图 3-11　系统模型和油的组分模型

为了比较水和离子对孔隙内油分分布的影响，设置了两个对照组：一个是只包含水、水中没有离子的模型；另一个是既没有水也没有离子的模型，即纯油分模型。纯油模型、油—水模型、油—水—离子模型 3 个模型的油分完全相同，且都通过将一侧壁面固定，对另一侧壁面原子施加 30MPa 下的压力，以获得相同温度、相同压力下的密度模型。

3.3.3　模型验证

3 个模型都在 323K 的温度下弛豫了 25ns，然后取最后 1ns 对狭缝中几种组分的密度分布进行了统计，得到了 3 个模型的密度分布图（图 3.12）。

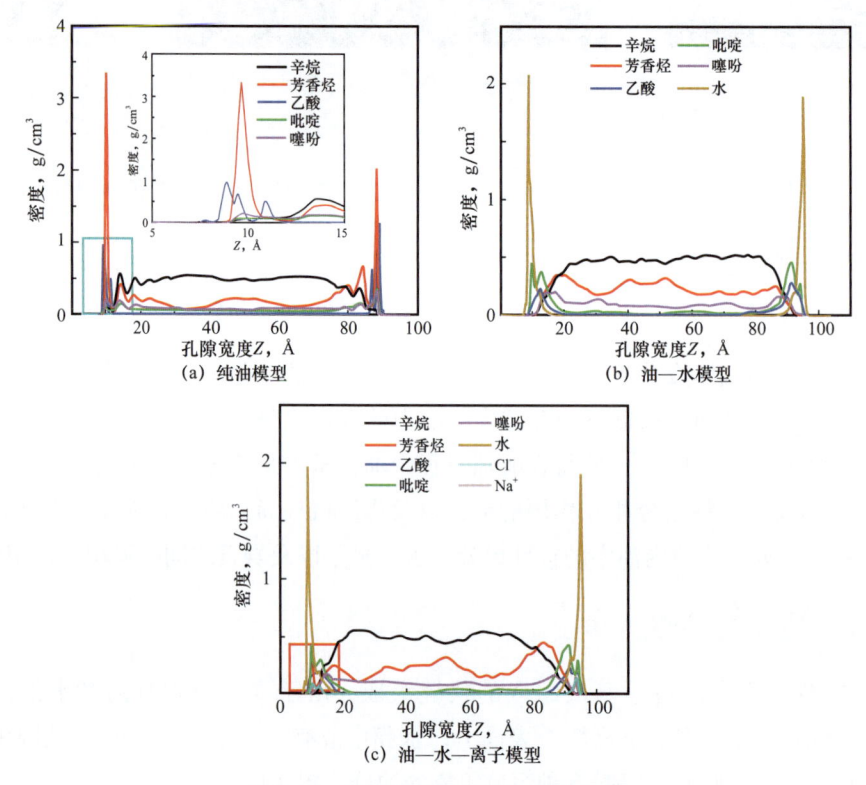

(a) 纯油模型

(b) 油—水模型

(c) 油—水—离子模型

图 3.12　孔隙中各组分的密度分布图

从图 3.12（a）中可以看出，对于纯油模型，当狭缝中只有油分时，5 种组分呈现比较明显的竞争性吸附现象，吸附能力为乙酸＞芳香烃＞噻吩＞吡啶＞辛烷。

当有水层存在时，由于水分子极强的吸附性，因此基本上都吸附在壁面两侧，而油分子的分布发生了比较大的改变，原来吸附性不是很强的吡啶此时表现出极强的吸附性，从图 3.12（b）的密度峰可以发现，吡啶的吸附能力强于乙酸而仅次于水分子，而之前吸附性较强的乙酸和芳香烃吸附层都在吡啶吸附层外，说明吡啶有极强的亲水性。此时吸附能力为水＞吡啶＞乙酸＞噻吩＞芳香烃＞辛烷。说明高岭石表面吸附的水层可以改变油组分的分布。

当在水中加入一定浓度的 NaCl 之后，孔隙内密度分布如图 3.12（c）所示，可以发现 Na^+ 和 Cl^- 都吸附在水层靠近壁面的位置，而吡啶、乙酸也吸附在水层附近。

由于密度曲线上下不对称，很难准确判断此时各组分的吸附能力强弱，于是计算了各组分官能团活性原子的径向分布函数曲线。

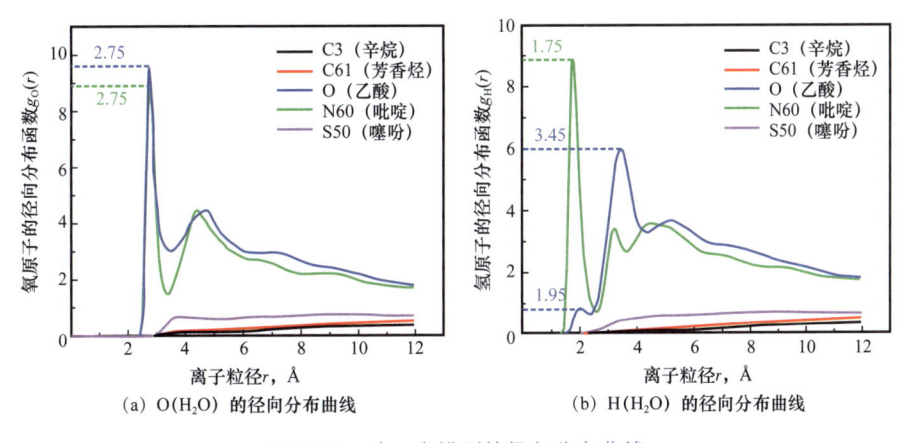

图 3.13　油—水模型的径向分布曲线

图 3.13 显示了油—水模型的径向分布曲线。从图中可以看出，对于油—水模型，水中氧原子与乙酸中的氧原子和吡啶中的氮原子的径向分布函数第一个峰的位置是重合的，因此难以判断乙酸和吡啶与水分子的作用强弱；而从水中氢原子径向分布函数可以看出，吡啶中的氮原子的第一个峰明显小于乙酸中的氧原子，综合这两个径向分布函数，大致可以得出油中几种组分与水分子的作用强弱为吡啶＞乙酸＞噻吩＞芳香烃＞辛烷，这也与之前的密度曲线得出的结果一致。当水溶液引入 Na^+ 和 Cl^-，从密度曲线可以发现各组分在孔隙内的分布发生了一些变化，对油—水—离子模型的径向分布函数进行计算，结果如图 3.14 所示。

从图 3.14（a）中可以看出，Na^+ 与水中氧原子的径向分布函数第一个峰距离最小，而乙酸中的氧原子和吡啶的氮原子与水中氧原子的径向分布函数第一个峰距离相同，且介于 Na^+ 和 Cl^- 之间，说明乙酸和吡啶分子在 Na^+ 和 Cl^- 之间起到一个"桥梁"的作用。而从图 3.14（b）中可以看出，吡啶中的氮原子与水中的氢原子的径向分布函数第一个峰距离最小，而 Cl^- 比 Na^+ 更靠近水中的氢原子，综合以上信息，不难发现在水、Cl^-、Na^+ 以及油中的

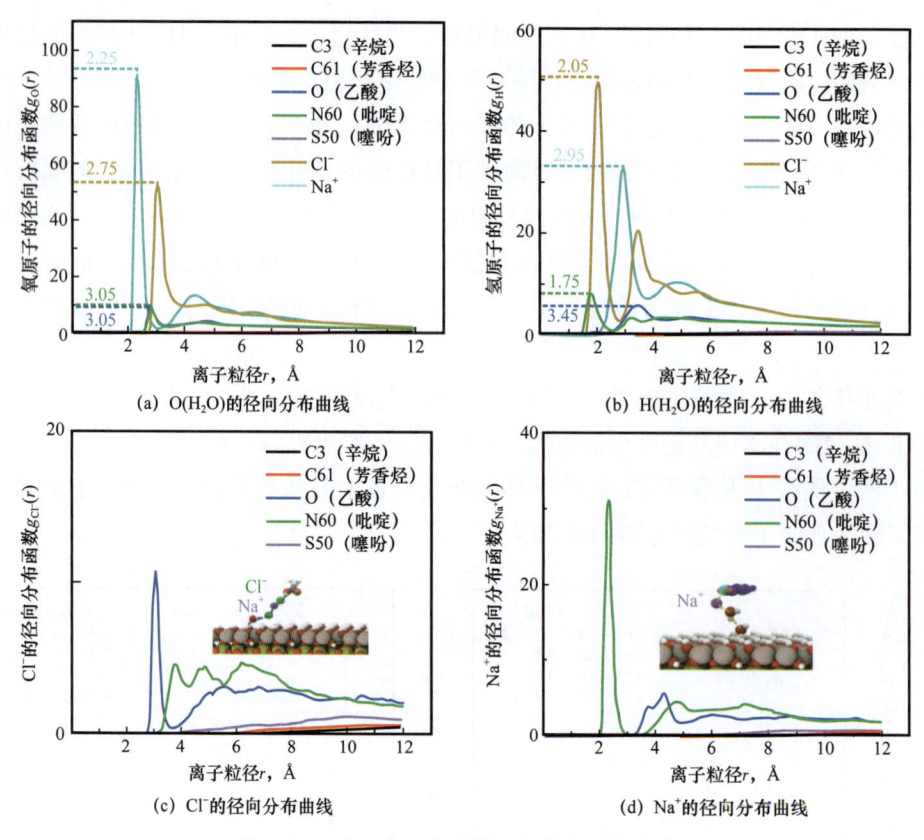

图 3.14 油—水—离子模型的径向分布曲线

乙酸和吡啶这两种组分之间必然存在一定的桥接作用，这从一定角度揭示了"离子水合桥"的存在。进一步分析了其他原子与 Na^+ 和 Cl^- 的径向分布曲线［图 3.14（d）和图 3.14（c）］，可以发现 Cl^- 与乙酸中氧原子更靠近，而 Na^+ 与吡啶中的氮原子更靠近，而在最终的模拟体系构型当中也找到了相应的微观构型［图 3.14（d）和图 3.14（c）］，进一步揭露了"离子水合桥"的存在。

3.4 离子水合桥第一性原理模拟研究

3.4.1 离子水合桥第一性原理模拟研究概述

石英（SiO_2）是页岩中的主要无机成分之一。通过许多表征方法揭示，石油很难完全剥离含石英的页岩表面[9]。在这种情况下，虽然对油流的实验测量非常困难，但采用分子动力学模拟和第一性原理模型是在这种微观尺度下进行研究的有效方法。

在石油聚集过程中，烃源岩会被水饱和，产生强的亲水性，如石英表面会被羟基（—OH）所覆盖。由于水与羟基化石英之间的亲和力高，尤其是氢键的存在，因此在石英表面上会形成由单个或数个分子层组成的薄水膜。表面上的水膜会对油—石英界面特性产生重大影响，如油吸附，润湿性和接触角的改变。然而，关于水膜的存在对原油剥离岩石表面的影响的潜在机制，仍不清楚。

因此，对于油—水—岩石界面的微观力学机制，使用第一性原理和分子动力学的方法从不同尺度对其进行阐明。在通过第一性原理方法研究油—水—岩石的微观力学作用机制过程中，着重研究离子水合桥的形成机理、离子水合桥的存在对石油开采中油岩分离的微观力学机制的影响以及分析离子水合桥的破坏机理，从而提高石油的采收率。

3.4.2 理论方法及思路研究

首先对油—岩石界面相互作用的微观力学机制进行研究，分析不同石油组分与各种岩石表面的相互作用[10]。初步在原子尺度了解石油开采中提高采收率的促进油—岩石分离的技术性难题，而后在此基础上分析油—岩石界面中水分子的存在对体系力学机制的影响。过程中，通过对油—岩石界面与油—水—岩石界面的力学机制的研究分析，积攒丰富研究经验。接下来，对油—水—岩石界面中存在常见金属离子时的体系进行分析，阐明各个分子离子之间的相互作用机理[11]。从而形成一整套从原子尺度研究石油开采中油—岩石分离的微观力学作用机制的研究方法，化繁为简而后由简入繁地对实际石油开采中的遇到的低渗透/特低渗透石油开采率低的问题进行基础理论层面上的解释。

从微观角度出发，原油中含有各种极性或非极性的分子链，这些分子链与岩石表面各类带电或中性基团之间存在相互作用力，这些力包括范德华力、氢键、库仑力和表面力。不同有机物与不同岩石表面间存在不同的吸附机理[12]。原油中的烃类化合物主要依靠范德华力吸附在岩石表面。岩石表面分布各种带电或中性的基团，这些基团与烃类化合物间的作用力属于电荷和诱导偶极间的诱导力。此处将原油的极性或非极性分子链与岩石表面的相互作用归纳为8种（图3.15）。

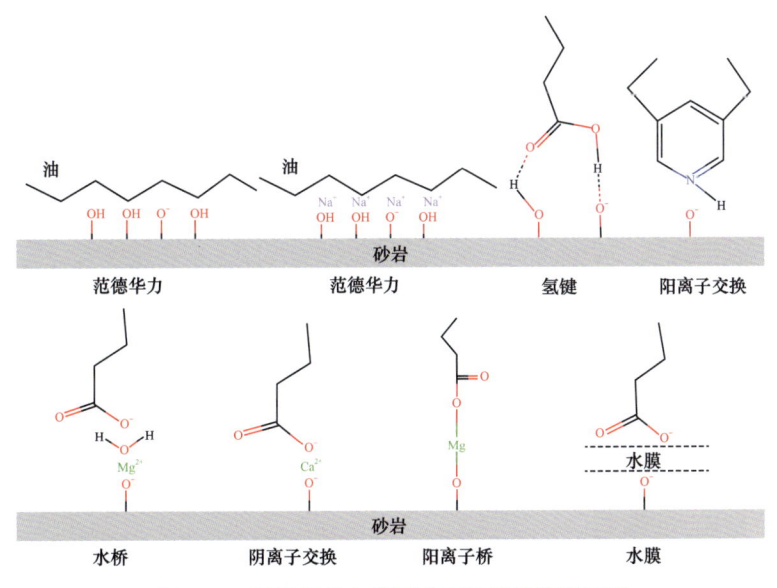

图 3.15 原油组分与岩石表面的相互作用模型

这些基团与烃类化合物之间的作用力属于电荷和诱导偶极间的诱导力，其间的相互作用势能与岩石表面的带电粒子分布有关，如图 3.15 所示。原油中的羧基及酚类化合物中的烃基易于岩石表面不同电性的硅醇基团以氢键的方式相结合，这类氢键作用的库仑力大小为

$$E = -\frac{Q\mu\cos\theta}{4\pi\varepsilon_0 r^2} \tag{3.1}$$

式中　E——库仑力，N；

　　　Q——点电荷，C；

　　　μ——介电常数，F/m；

　　　θ——离子间角度，(°)；

　　　r——离子间距，m；

　　　ε_0——真空电容率，约等于 $8.854187817 \times 10^{-12}$ F/m。

不同电性的表面基团具有不同的极性，因而与原油中活性组分之间形成的氢键强弱也就不同。在此基础上逐渐分析不同的石油组分与岩石之间的相互作用机理。

3.4.3　模型与方法

分析岩石壁面的晶体结构以及石油众多组分，通过 Gaussian、Materials Studio 等软件对众多岩石壁面以及油分子进行模型的构建。对岩石表面化学基团进行分析，明确不同岩石的化学组成，调研地层中与石油分子密切接触的各类岩石的表面化学基团；其次，对石油组分进行分析，明确石油组分中的活性基团，进而分析岩石表面化学基团与石油分子活性基团之间的相互作用机制。

对于岩石，其表面化学基团具有不同的电量和极性，与液体分子间具有不同的相互作用，从而导致岩石表面的润湿程度不同。很多学者测试了不同矿物的亲水性，发现石英、长石类矿物亲水性比较强，而碳酸盐矿物的亲水性较弱。而岩石的亲水性与润湿性等特性与其表面的化学基团有着密不可分的关系，矿物表面化学基团控制着矿物表面化学活性及其与介质中离子或分子反应的机制。

砂岩储层或碳酸岩储层主要由不同晶体结构和性质的硅酸盐矿物和碳酸盐矿物组成，这些岩石的主要成分包括石英、长石、方解石、白云石及黏土矿物（如绿泥石、伊蒙混层矿物、高岭石和伊利石），从微观角度出发，这些岩石表面分布着不同种类和数密度的化学基团。例如，石英（SiO_2）属于原子晶体，其表面主要由 3 种不同电性的硅醇基团（≡Si—OH、≡Si—OH$_2^+$、≡Si—O$^-$）组成；长石一般化学式为 M［T_4O_8］（M 代表 K、Na、Ca 元素，T 代表 Si、Al 元素），是一类架状结构的硅酸盐，其表面基团主要包括不同电性的硅醇基团或者铝醇基团（≡Al—OH、≡Al—OH$_2^+$、≡Al—O）；高岭石 Al_4［Si_4O_{10}］$(OH)_8$、蒙脱石（Al，Mg）$_2$［Si_4O_{10}］$(OH)_2\cdot nH_2O$ 等黏土矿物都属于层状结构的硅酸盐，它们的表面化学基团也主要是硅醇基团或者铝醇基团；方解石（$CaCO_3$）、白云石［$CaMg(CO_3)_2$］属于

岛状基型的碳酸盐，为离子晶体，其表面阳离子主要是≡CO$_3$Ca$^+$，阴离子主要是≡CaCO$_3^-$。

通过对众多岩石表面化学基团的分析，在数值模拟的初级阶段，选取常见的石英表面作为研究对象，以此建立一套油—岩石界面力学性质分析的理论方法，而后不断将其修正推广。在天然过程中，矿物表面最常接触的介质就是水，当矿物与水接触时，其表面就会产生羟基化反应，对于石英：

$$>Si+OH \longrightarrow SiOH$$

$$>SiO+H \longrightarrow SiOH$$

这里>SiOH 就是石英的表面电位。

同时，为了简化数值模拟的复杂程度，减少计算时间，在充分考虑模型正确性的前提下，对石英表面晶体结构进行简化，简化这项任务的一个方法是考虑活性表面位置周围有限数量的原子，并对产生的分子团簇应用理论方法。虽然这种聚类方法忽略了对活性位点电子性质的长程影响，但它允许对局部性质进行非常精确的预测。

Konecny R 实验观察到两种表面硅烷醇的局域构型：一种是分离的单一硅烷醇［(图 3-16(a)］，其中只有一个羟基键合到表面硅原子上；另一种是双羟基硅烷醇［(图 3-16(b)］，其中两个羟基键合到同一表面硅原子上（Si$_b$ 和 O$_b$ 分别代表硅原子和氧原子）。

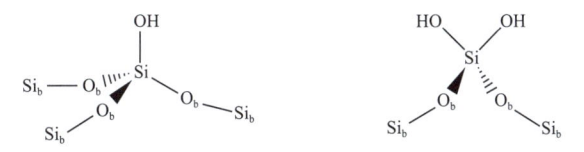

(a) 具有一个羟基的非周期性石英表面　　(b) 具有双羟基的非周期性石英表面

图 3.16　两种表面硅烷醇的局域构型

为了准确地模拟这些不同的羟基化石英表面位点，采用了具有单羟基和双羟基的分子团簇两种分子模型。这两种模型都包括一个近似表面硅的中心硅原子，三个或两个—O—SiH$_3$ 基团，由氢原子饱和硅原子的化合价，以及使用一个或两个羟基分别模拟孤立的硅醇团簇中的表面硅烷醇。当石英表面的羟基失去氢原子，便成为具有电负性的表面［图 3.17(b)］，这些模型已经被证明是对表面的一个很好的近似。

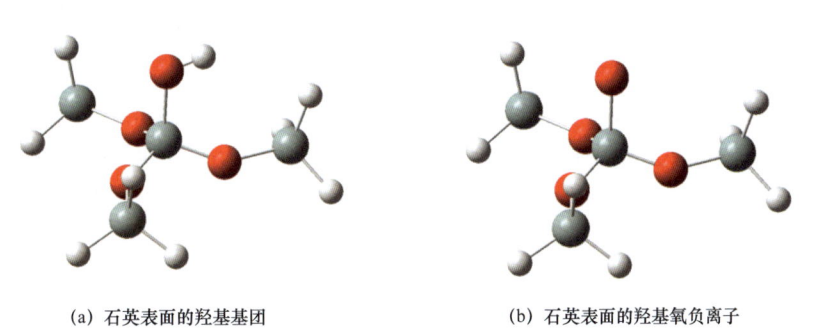

(a) 石英表面的羟基基团　　(b) 石英表面的羟基氧负离子

图 3.17　石英表面的羟基基团及羟基氧负离子

组成石油的化学元素主要是碳和氢，其次是硫、氮、氧。在石油中，只由碳、氢组成的烷烃、环烷烃、芳香烃是最常见的组分，其次一些非烃组成也是石油中不可忽略的重要组成部分，其主要分为含硫化合物、含氮化合物和含氧化合物。

含氧化合物可分为酸性含氧化合物和中性含氧化合物，前者有环烷酸、脂肪酸及酚，总称石油酸；后者有醛、酮等。在石油酸中，羧基基团与岩石表面的相互作用普遍存在，因此研究初期将首先着重分析石油中存在的羧基基团与岩石表面活性基团的相互作用。

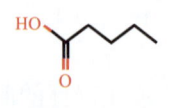

在研究油酸分子的活性基团与短程等价的石英表面相互作用时，选用分子链较短的戊酸分子（图 3.18）来进行分析。

图 3.18　戊酸分子

构建非周期性石英表面活性基团与戊酸分子活性基团相互作用的模型，分别研究具有电负性的石英表面和中性石英表面和油酸分子的相互作用能，分析石英表面的带电性对相互作用的影响。模拟过程中采用刚性扫描的方法对整个油酸分子脱离石英表面的能量进行计算（图 3.19），具体方法为对整个油分子（活性基团除外）在石英表面的法向方向上施加以远离石英表面的位移，观察模拟过程中的能量变化。

（a）油酸分子脱离前　　　　　　（b）油酸分子脱离后

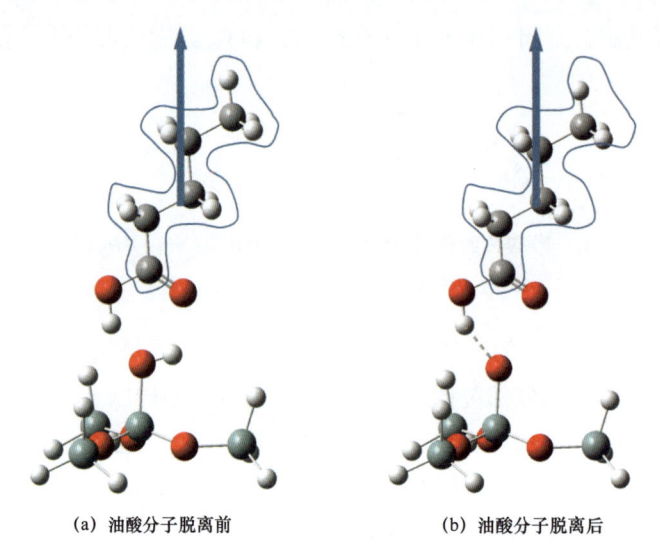

图 3.19　油酸分子脱离石英表面的刚性扫描模型

3.4.4　模型验证

通过模拟发现，在对电中性的石英表面进行扫描过程中，未发现化学键的断裂与生成；而在对电负性的石英表面进行扫描的过程中，出现了油酸分子中羟基基团的氢键断裂的情况，在非周期石英表面出现氢键的生成（图 3.20）。

通过对两种电性表面进行扫描之后的能量分析，发现油酸分子脱离电中性的石英表面的能量变化远远小于油酸分子脱离电负性石英表面的能量变化，即相同的油酸分子脱离电负性石英表面所需要的能量要远远大于其脱离电中性石英表面的能量（图 3.21），而这也符合模拟过程中，电负性石英表面的氢键的断裂与生成的现象。因此，模拟结果表明在石油剥离过程中，氢键所带来的库仑力的作用会严重导致原油的剥离困难。

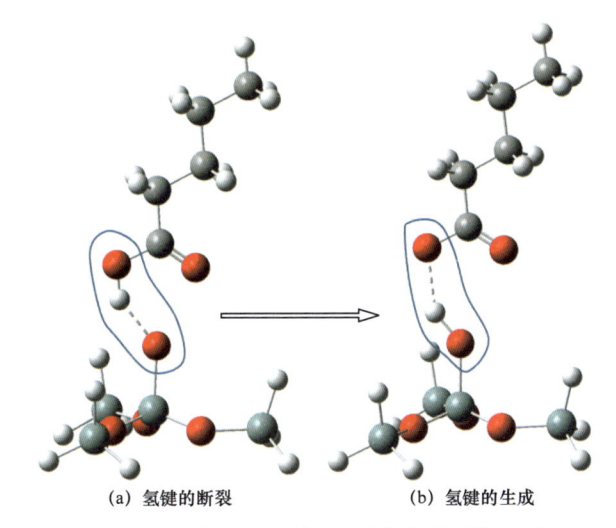

(a) 氢键的断裂　　　　　(b) 氢键的生成

图 3.20　电负性石英表面的氢键断裂与生成

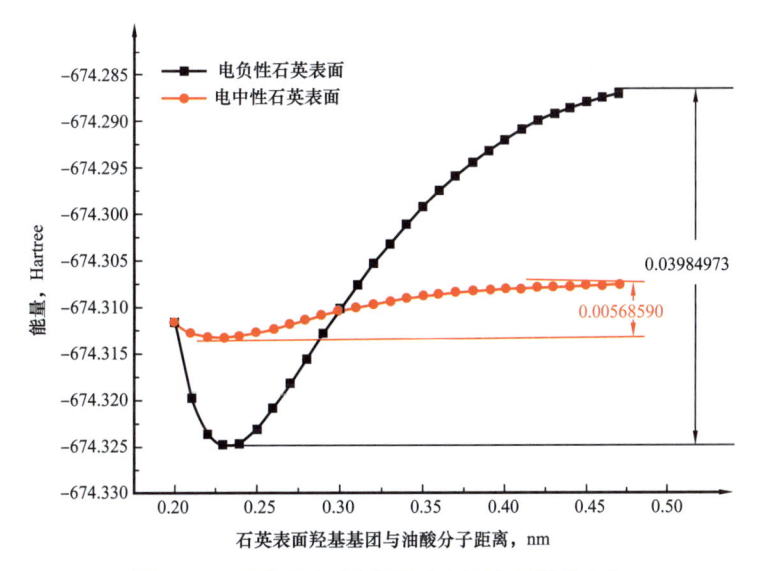

图 3.21　油酸分子脱离石英表面过程的能量变化

》 3.5　离子水合桥机理结论

探索低渗透/特低渗透油藏开发提高采收率技术，明确微观孔隙剩余油分布机制是前提，揭示原油与岩石表面间微观作用机制是基础。针对低渗透/特低渗透油藏储集空间多尺度定量分析与微观力学探索，形成的结论如下：

（1）初步建立了储层多尺度数字岩石综合分析方法，对岩石储集空间进行精细解剖，定量获取孔隙及裂缝空间展布特征参数；初步形成了电子束荷电效应可动油分布定量评价方法，通过预传统热解分析结合定量计算可动油饱和度。

（2）采用无偏分子动力学模拟方法和原子力拉伸分子动力学模拟方法，考察了阳离子类型对极性物质—岩石间相互作用的影响机制，对比了极性物质—水—石英体系中 Na^+ 和 Ca^{2+} 在极性物质—石英间的作用机制，研究了含 Na^+ 和 Ca^{2+} 的油—水—固三相体系中，Na^+ 和 Ca^{2+} 对油—石英间相互作用的影响，初步得到油—石英界面处离子水合桥的微观构象。

（3）分析了以高岭石为代表的黏土矿物组成的纳米孔隙中，不同原油组分在孔隙内的竞争性吸附规律及分布特征，探索了水膜对原油中各组分分布的影响、水膜+离子对原油中各组分分布的影响及其相互作用，同时发现了水、离子以及油中的极性组分的空间分布存在比较明显的取向，这三者存在若干个特定的桥接模式，最终明确了两种"离子水合桥"构型。

（4）列举了多种石油活性基团与岩石表面的相互作用模型，并提出一种简化的模拟油—岩石界面相互作用的方法，通过简化石英表面模型，在忽略了对活性位点电子性质的长程影响的情况下，对油酸分子与局部岩石表面的相互作用进行精准分析，得到油酸剥离不同电性的石英表面的能量变化，以此推测原油开采中剥离困难的内在机理，为后续研究建立了坚实的理论与技术支撑。

参考文献

[1] 邹才能，董大忠，王社教，等.中国页岩气形成机理、地质特征及资源潜力[J].石油勘探与开发，2010，37（6）：641-653.

[2] 李玉喜，聂海宽，龙鹏宇，等.我国富含有机质泥页岩发育特点与页岩气战略选区[J].天然气工业，2009，29（12）：115-118.

[3] 张金川，金之钧，袁明生.页岩气成藏机理和分布[J].天然气工业，2004，24（7）：15-18.

[4] 李子元.页岩气储层孔隙结构模型和物性测试方法研究进展[J].地下水，2015（1）：211-213.

[5] 孙文峰，李玮，董智煜，等.页岩孔隙结构表征方法新探索[J].岩性油气藏，2017，29（2）：125-130.

[6] 聂海宽，唐玄，边瑞康.页岩气成藏控制因素及中国南方页岩气发育有利区预测[J].石油学报，2009，30（4）：484-491.

[7] 龙鹏宇，张金川，姜文利，等.渝页1井储层孔隙发育特征及其影响因素分析[J].中南大学学报（自然科学版），2012，43（10）：205-214.

[8] 武景淑，于炳松，李玉喜.渝东南渝页1井页岩气吸附能力及其主控因素[J].西南石油大学学报（自然科学版），2012，34（4）：40-48.

[9] 赵佩，李贤庆，孙杰，等. 川南地区下古生界页岩气储层矿物组成与脆性特征研究[J]. 现代地质，2014，28（2）：396-403.

[10] 支东明，唐勇，杨智峰，等. 准噶尔盆地吉木萨尔凹陷陆相页岩油地质特征与聚集机理[J]. 石油与天然气地质，2019，40（3）：524-534.

[11] 张文正，杨华，李剑锋，等. 论鄂尔多斯盆地长7段优质油源岩在低渗透油气成藏富集中的主导作用——强生排烃特征及机理分析[J]. 石油勘探与开发，2006，33（3）：289-293.

[12] 孙建博，孙兵华，赵谦平，等. 鄂尔多斯盆地富县地区延长组长7湖相页岩油地质特征及勘探潜力评价[J]. 中国石油勘探，2018，23（6）：29-37.

第 4 章
岩石矿物—油滴间离子水合桥纳米力学实验研究

岩石矿物—油滴间离子水合桥纳米力学实验研究会对页岩的矿物组成及孔隙结构造成不同程度的影响，因此会影响页岩的力学性质。随着相关技术的不断发展，岩石矿物—油滴间离子水合桥纳米力学实验研究已逐渐应用于页岩油气开发过程。本章就纳米力学实验研究的相关内容进行了详细的介绍，并对实验结果进行了探讨。

4.1 纳米力学实验材料

探针修饰材料：十二烷基硫醇、11-巯基十一烷酸（十八烷基硫醇、18-巯基十八烷酸），如图 4.1 所示。

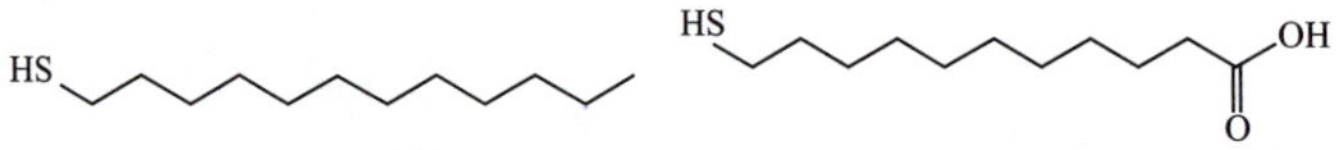

(a) 十二烷基硫醇　　　　(b) 11-巯基十一烷酸

图 4.1　十二烷基硫醇与 11-巯基十一烷酸

溶液环境材料：超纯水、NaCl、$CaCl_2$、$AlCl_3$。

纳米力学对照实验见表 4.1。

表 4.1　纳米力学对照实验

序号	修饰基团	实验环境			
1	十二烷基硫醇、11-巯基十一烷酸	超纯水	0.1mol/L NaCl	0.1mol/L $CaCl_2$	0.1mol/L $AlCl_3$
2			0.5mol/L NaCl	0.5mol/L $CaCl_2$	0.5mol/L $AlCl_3$
3			1mol/L NaCl	1mol/L $CaCl_2$	1mol/L $AlCl_3$

4.2 纳米力学实验仪器

原子力显微镜（Atomic Force Microscopy，AFM）是一种可用来研究包括绝缘体在内的固体材料表面结构的分析仪器。它通过检测待测样品表面和一个微型力敏感元件之间的极微弱的原子间相互作用力来研究物质的表面结构及性质[1-2]。将一对微弱力极端敏感的微悬臂一端固定，另一端的微小针尖接近样品，这时针尖将与样品相互作用，作用力将使得微悬臂发生形变或运动状态发生变化。扫描样品时，利用传感器检测这些变化，就可获得作用力分布信息，从而以纳米级分辨率获得表面形貌结构信息及表面粗糙度信息。

为适应不同环境及场景的应用需求，目前原子力显微镜的型号多种多样，主要有 MultiMode 8、Dimension FastScan、InSight 3D AFM、ContourGT InMotion、NPFLEX、HD9800+、Dektak XTL 等[3-5]。作为一种常见的原子力显微镜型号，MultiMode 8 由计算机、控制器和显微镜 3 个主要部分组成（图 4.2）。

图 4.2　MultiMode 8 基本硬件组成

MultiMode 8 原子力显微镜的详细组成部分如下：

（1）Nanocope V（NSV）控制器。

NSV 控制器用于连接显微镜主机以及与计算机相连，用来控制系统的扫描过程。

（2）MultiMode 8 Base。

MultiMode 8 Base 上有发动机控制及模式切换的开关，以及一个显示屏。它用于支撑扫描器、粗略地调整探针和样品间的距离、切换主要扫描模式以及显示 SUM、Vertical 和 Horizontal 信号。

（3）MultiMode 8 Head。

MultiMode 8 Head 主要集成了激光光源和检测系统，并作为探针夹的支架。MultiMode 8 Head 上有调节激光和探测器位置以及探针扫描位置的调节旋钮。

（4）扫描器。

MultiMode 8 使用管式扫描器，可实现高精度的横向和纵向伸缩，用来扫描得到样品的三维形貌。MultiMode 8 扫描器有多种规格，根据扫描范围不同，主要可分为 J 型、E 型和 A 型（图 4.3）。

J 型扫描器：标称扫描范围是 125μm × 125μm × 5μm（表 4.2）。序列号为"JVLR"的是防水的、垂直进针的扫描管，序列号为"JVHC"的是用于加热冷却的扫描管。

E 型扫描器：标称扫描范围是 10μm × 10μm × 2.5μm（表 4.2）。序列号为"E"的有两个手动调节的支点和一个自动调节的支点，序列号为"EVLR"是防水的、垂直进针的扫描管。

A 型扫描器：标称扫描范围是 0.4μm × 0.4μm × 0.4μm（表 4.2）。该类型扫描器序列号为"A",有两个手动调节的支点和一个自动调节的支点。A 型扫描器主要用来做 STM 和 AFM 原子像。

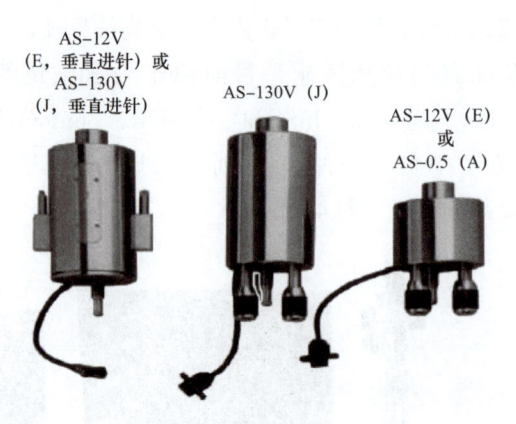

图 4.3　MultiMode 8 扫描器

表 4.2　MultiMode 8 扫描器规格

模型	扫描区域	垂直范围
AS–0.5（A）	0.4μm × 0.4μm	0.4μm
AS–12（E）	10μm × 10μm	2.5μm
AS–12V（E,垂直进针）	10μm × 10μm	2.5μm
AS–130（J）	125μm × 125μm	5μm
AS–130V（J,垂直进针）	125μm × 125μm	5μm

该次实验采用 E 型扫描器。

MultiMode 8 测量模式主要有接触模式 AFM、非接触模式 AFM 和 Peak Force Tapping AFM 三种。

(1) 接触模式 AFM。

探针针尖始终与样品保持接触,针尖位于弹性系数很低的悬臂末端。当扫描管引导针尖在样品上方扫过(或样品在针尖下方移动)时,接触作用力 F_0 使悬臂发生弯曲,从而反映出形貌的起伏 [图 4.4(a)]。接触模式 AFM 的扫描速率为 1.0~2.5Hz,其优点是可以达到很高的分辨率,缺点是有可能对样品表面造成损坏,横向的剪切力和表面的毛细管力 F_{sp} 都会影响成像 [图 4.4(b)]。

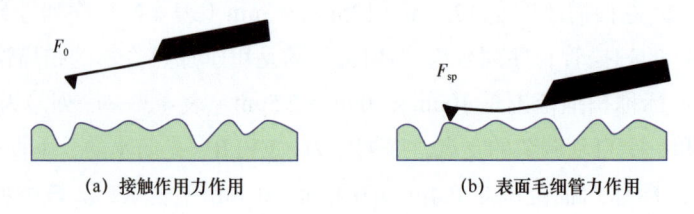

(a) 接触作用力作用　　(b) 表面毛细管力作用

图 4.4　接触模式 AFM

（2）非接触模式 AFM。

成像时，探针悬臂在样品表面附近处于振动状态（A_{free}）[图 4.5（a）]。针尖与样品的间距通常在几个纳米以内，在这一区域中针尖和样品原子间的相互作用力表现为范德华吸引力。非接触模式 AFM 的优点是对样品表面没有损伤，横向分辨率高（1~5nm）；缺点是分辨率低，扫描速度慢（0.7~1.5Hz），为了避免被样品表面的水膜粘住，往往只用于扫描疏水表面（A_{sp}）[图 4.5（b）]。

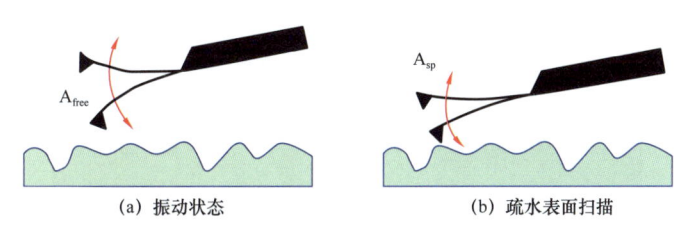

图 4.5　非接触模式 AFM

（3）Peak Force Tapping AFM。

Peak Force Tapping AFM 是 Bruker 公司发布的一种新的基本成像模式，默认采用 2kHz 的频率在整个表面做力 F_0 曲线，利用峰值力 F_{peak} 做反馈，通过扫描管的移动来保持探针和样品之间的峰值力恒定，从而反映出表面形貌（图 4.6）。Peak Force Tapping AFM 的优点是直接用力做反馈使得探针和样品间的相互作用可以很小，这样就能够对很黏很软的样品成像；同时，使用力直接作为反馈，可以直接定量得到样品表面的力学信息。

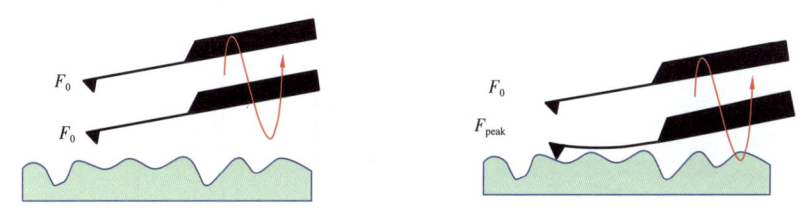

图 4.6　Peak Force Tapping AFM

该次实验所采用的模式为 Peak Force Tapping AFM。

4.3　纳米力学实验方法

4.3.1　化学力显微镜力学测试

化学力显微镜（Chemical Force Microscopy，CFM）力学测试是指探针的尖端表面被不同官能团（如疏水性—CH_3 基团或亲水性—COOH 基团）所覆盖，进而基于 AFM 技术可以获取样品表面形状和相互作用力分布的信息（图 4.7）。实验时首先用紫外线/臭氧对镀金原子力显微镜探针进行清洁，利用 S—Au 键在镀金的探针尖端修饰硫醇，将探针浸入 10mL

十二烷基硫醇的无水乙醇中 24h，十二烷基硫醇在探针表面自组装[6-9]。待探针表面修饰完全后用乙醇冲洗探针，并用高纯氮气吹扫干燥探针。测量过程中在压电陶瓷的驱动下，探针在设定范围内匀速接近基底表面，达到设定阈值条件后，匀速远离样品表面，通过实时定量检测距离以及探针悬臂的形变，最终由胡克定律得到探针与基底表面间相互作用力与距离的定量关系[10]（图 4.8 和图 4.9）。

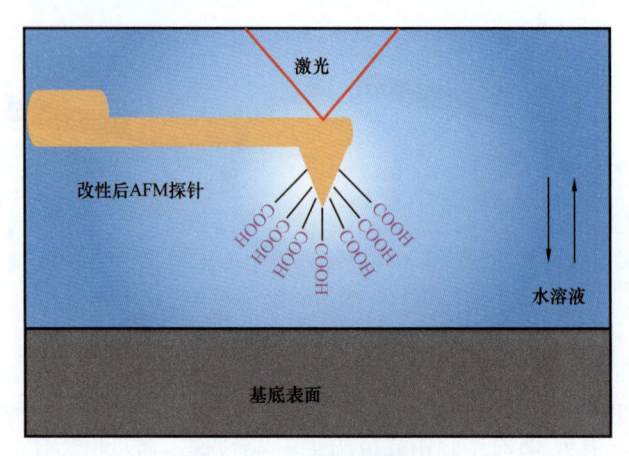

图 4-7　CFM 力学测试图

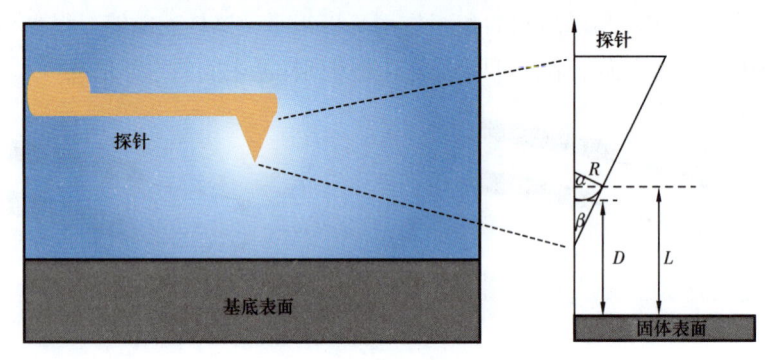

图 4.8　探针示意图

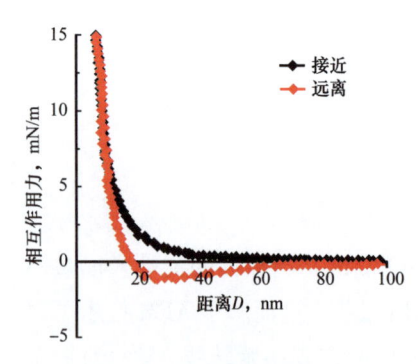

图 4-9　探针和基底表面间相互作用力与距离定量关系图

4.3.2　理论力学模型构建

CFM 力学测试所得到的相互作用力是所有力共同作用的最终体现，为了定量研究离子存在可能导致的力，必须构建理论力学模型以分析此力的强度及随距离的变化关系。综合考虑各种表面力和水流动力，所建立的力学模型如下：

范德华力 F_{VDW}：

$$F_{\mathrm{VDW}} = \frac{A_{\mathrm{H}}}{6}\left(\frac{R+D-2L}{L^2} - \frac{R-D}{D^2}\right) - \frac{A_{\mathrm{H}}}{3\tan^2\alpha}\left[\frac{1}{L} + \frac{R\sin\alpha\tan\alpha - D - r(1-\cos\alpha)}{2L^2}\right] \quad (4.1)$$

双电层力 F_{EDL}：

$$\begin{aligned}F_{\mathrm{EDL}} = &\frac{4\pi}{\varepsilon_0\varepsilon\kappa^2}\sigma_{\mathrm{T}}\sigma_{\mathrm{S}}\left(a_0\mathrm{e}^{-\kappa D} - a_1\mathrm{e}^{-\kappa L}\right) + \frac{2\pi}{\varepsilon_0\varepsilon\kappa^2}\left(\sigma_{\mathrm{T}}^2 + \sigma_{\mathrm{S}}^2\right)\left(a_2\mathrm{e}^{-2\kappa D} - a_3\mathrm{e}^{-2\kappa L}\right) + \\ &\frac{4\pi}{\varepsilon_0\varepsilon\kappa\tan\alpha}\left[b_1\sigma_{\mathrm{T}}\sigma_{\mathrm{S}}\mathrm{e}^{-\kappa L} + b_2\frac{\left(\sigma_{\mathrm{T}}^2 + \sigma_{\mathrm{S}}^2\right)}{2}\mathrm{e}^{-2\kappa L}\right]\end{aligned} \quad (4.2)$$

疏水力 F_{HB}：

$$F_{\mathrm{HB}} = -\frac{C}{D_0}\mathrm{e}^{-D/D_0} \quad (4.3)$$

式中　A_{H}——Hamaker 常数；

　　　κ——德拜长度倒数；

　　　α——探针倾斜尖端与水平方向的夹角；

　　　C——谢才系数；

　　　ε_0——真空介电常数；

　　　ε——溶液介电常数；

　　　σ_{T}——探针表面电势；

　　　σ_{S}——基底表面电势；

　　　D_0——特征衰减长度；

　　　D——衰减长度；

　　　L——衰减标准长度；

　　　R——粒子间距；

　　　a_0，a_1，a_2，a_3——非零常数；

　　　b_1，b_2——非零常数。

4.4 纳米力学实验内容

4.4.1 岩石微观润湿性定量评价

CFM 原子力疏水探针技术可以用来定量分析岩石微观润湿性。水环境中疏水探针与疏水位点在疏水作用影响下表现出吸引力，岩石表面疏水程度越高，引力越大，因此相互作用力可用作衡量扫描位点润湿性的依据。岩石表面高度图可详细描绘疏水点的位置高低[图 4.10（a）]。测试疏水探针与岩石表面作用力时，为避免双电层力的干扰，也为简化数据分析难度，在水溶液中加入 0.5mol NaCl 用于屏蔽双电层力[11-13]。测量过程中，使用压电陶瓷驱动探针每次在 5μm² 区域扫描 32×32 个测试点，功能化的探针尖端在此范围内匀速接近固体表面，通过检测悬臂形变根据胡克定律转换为作用合力，并绘制纳米尺度内岩石表面亲疏水性分布图［图 4.10（b）］。所得力学分布图做高斯变化，可以获得表征微观润湿性的疏水强度直方图［图 4.10（c）］。

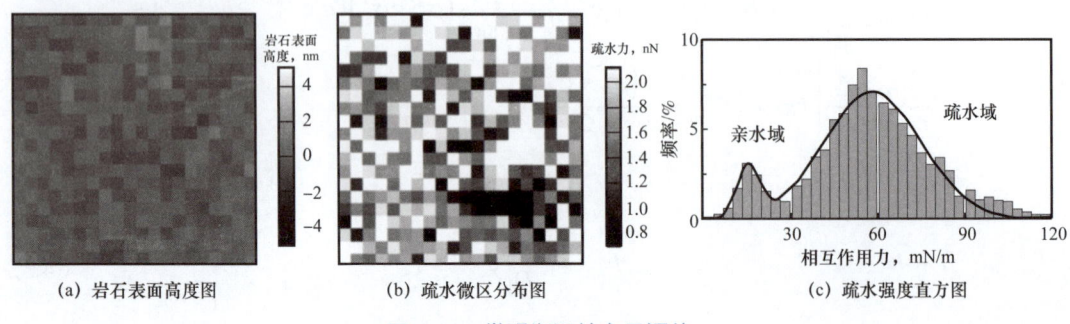

(a) 岩石表面高度图　　(b) 疏水微区分布图　　(c) 疏水强度直方图

图 4.10　微观润湿性定量评价

4.4.2　烷烃—单矿物间相互作用力定量表征

利用矿物定量电镜扫描系统、XRF 等多种微区矿物分析方法，测定典型砂岩孔隙壁面石英、钾长石、钠长石、方解石、绿泥石及黏土等重要矿物含量分布特征，制备储层重要组成矿物的标准样品。通过聚焦离子束对标准单矿物表面进行抛光，利用接触角测量仪获得单矿物表面润湿性特征，为后续试验提供基础参数。

选取地层水中较为典型的离子（阳离子为 Na^+、Ca^{2+}、Al^{3+}，阴离子为 Cl^-），配置不同组成及浓度的盐溶液[14]。选取相同链长的烷烃、羧酸极性组分。测量不同溶液中探针与石英间的相互作用，建立原油—岩石间力—绝对距离的定量关系（图 4.11），量化表征阳离子桥连强度，明确离子价态及浓度对极性组分—岩石间相互作用的影响机制。通过对所得力学数据进行分析，解析相互作用中涉及的范德华力、双电层力及疏水力，建立烷烃—单矿物间作用力数学模型。

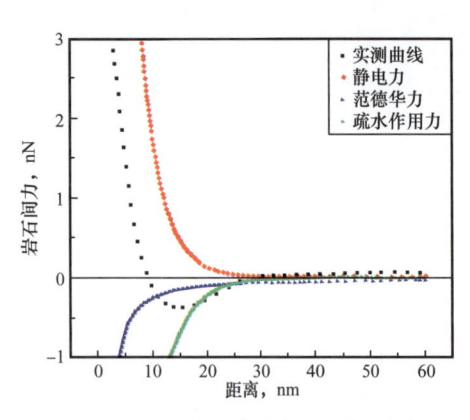

图 4.11　相互作用力定量解析

4.5　纳米力学实验结果与讨论

4.5.1　CFM 探针元素分布表征

利用扫描电子显微镜（SEM）、能量色散 X 射线光谱仪（EDS）对修饰的探针进行元素分布表征，结果如图 4.12 和图 4.13 所示。

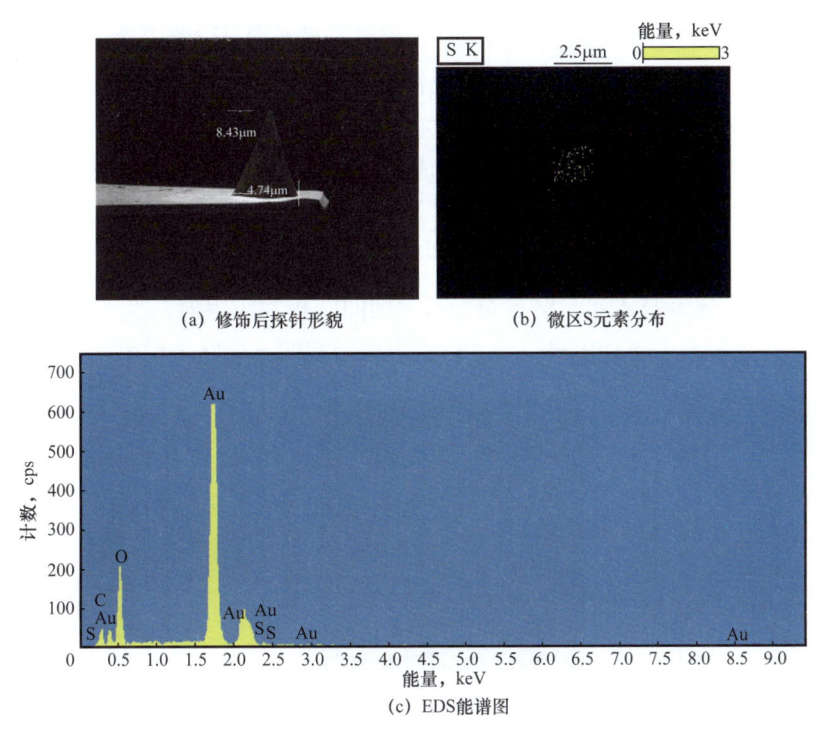

图 4.12　烷烃修饰改性探针元素分布

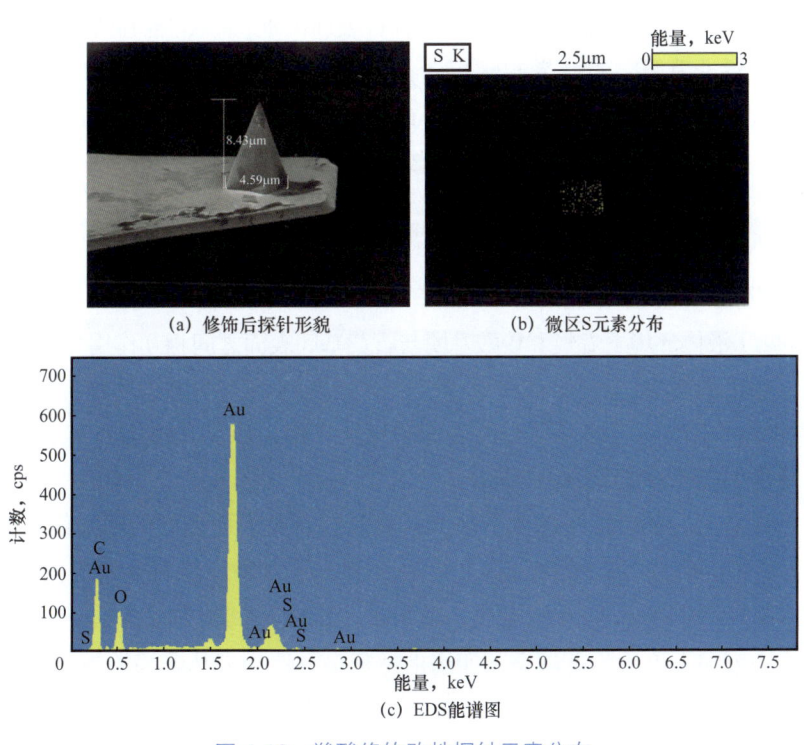

图 4.13　羧酸修饰改性探针元素分布

该次实验所用探针为表面镀金材料，修饰改性后的探针表面的微区以及 EDS 能谱图都检测出 S 元素的存在，证实烷烃和羧酸已经修饰在探针表面，并且稳定存在。此外，由修饰后探针形貌图可知，烷烃和羧酸修饰改性后的探针形状无明显变化且表面平滑均匀，说明修饰改性的烷烃和羧酸基团在探针表面形成均匀单层吸附，满足实验条件的需求。

4.5.2 岩石微观润湿性定量评价

利用 CFM 疏水探针技术定量测量与岩石表面间的相互作用力，水环境中疏水探针与疏水位点在疏水作用影响下表现出吸引力，岩石表面微观润湿性结果如图 4.14 所示。

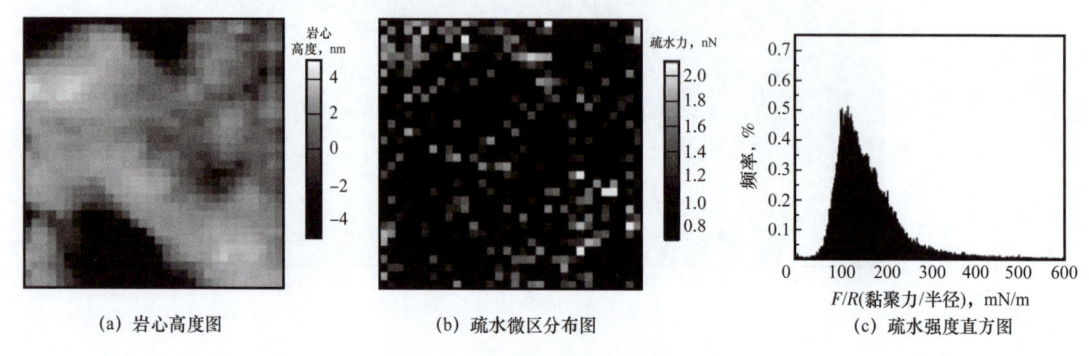

图 4.14 岩石表面微观润湿结果

岩心表面的粗糙度会在很大程度上影响岩石表面的润湿性，岩心的疏水微区的分布图与高度图的一致性非常低，意味着疏水探针技术所表征的岩石微观润湿性与岩石表面的粗糙度无关。因此，微观润湿性更能体现岩石矿物自身所具有的润湿性特征。从疏水强度直方图可以看出，样品岩心微观润湿性整体比较均一。

4.5.3 烷烃—单矿物间相互作用力定量表征

截至 2020 年底，研究了不同离子（Na^+、Ca^{2+}、Al^{3+}）不同浓度（0mol/L、0.1mol/L、0.3mol/L、0.5mol/L、1mol/L）液体环境下烷烃和羧酸基团与石英基底表面之间相互作用力的变化情况[15]。

（1）离子浓度的影响。

分别考察了离子浓度对烷烃与石英表面间相互作用力以及羧酸与石英表面间相互作用力的影响，结果如图 4.15 至图 4.17 所示。

从图中可以看出，随着离子浓度的增大，烷烃与石英表面之间的相互作用力几乎不变，均在 0.25~1.18mN/m（0.011~0.053mN）之间，考虑应为烷烃与石英表面间的范德华引力作用，作用力从距离约 8nm 处开始出现，在 5nm 范围内达到引力最大值。羧酸与石英表面之间的相互作用力随着离子浓度的增大而逐渐增强，且作用力从距离约为 8nm 处开始出现，4~5nm 达到引力最大值。这可能是由于随着离子的增多，更多数量的离子结合连接羧酸与石英表面，造成引力初始随着浓度增大而大幅增加。随着离子浓度的继续增大，由于所能结合的羧酸基团有限，引力增大的幅度减小。

(a) 烷烃与石英表面间相互作用力　　　　　　(b) 羧酸与石英表面间相互作用力

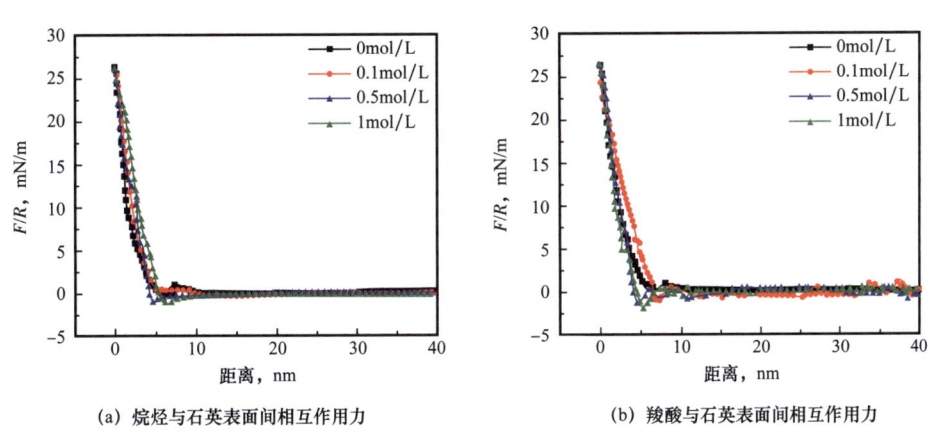

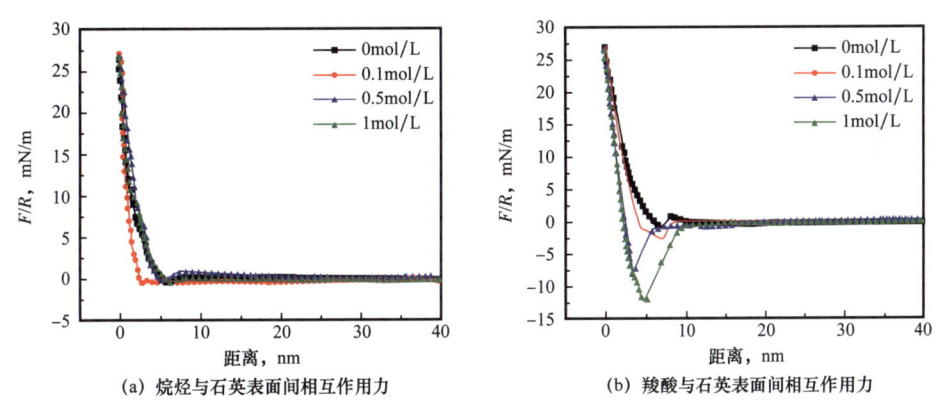

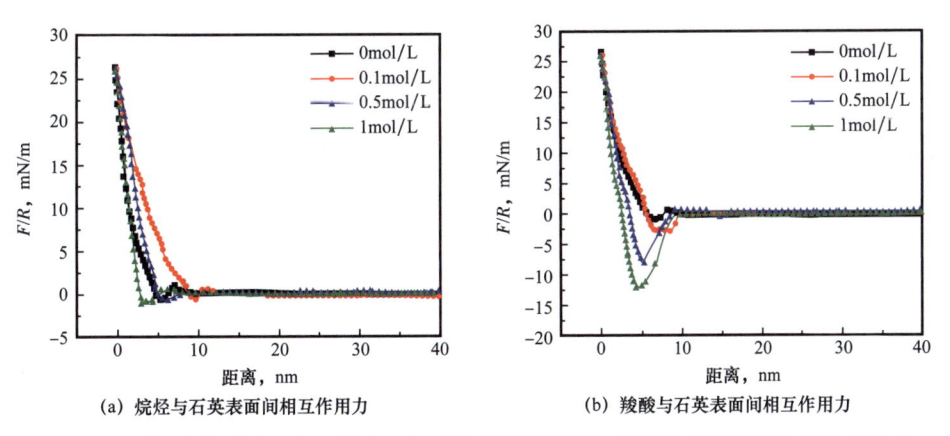

图 4.15　Na^+ 浓度对烷烃与石英表面相互作用力及羧酸与石英表面间相互作用力的影响

(a) 烷烃与石英表面间相互作用力　　　　　　(b) 羧酸与石英表面间相互作用力

图 4.16　Ca^{2+} 浓度对烷烃与石英表面相互作用力及羧酸与石英表面间相互作用力的影响

(a) 烷烃与石英表面间相互作用力　　　　　　(b) 羧酸与石英表面间相互作用力

图 4.17　Al^{3+} 浓度对烷烃与石英表面相互作用力及羧酸与石英表面间相互作用力的影响

当离子浓度为 0mol/L（即极低离子浓度）时，羧酸与石英表面间相互作用力为 1.08mN/m（0.049mN）。当离子浓度达到 1mol/L 时，Na^+ 溶液环境中羧酸与石英表面间相互作用力达到 1.98mN/m（0.089mN），Ca^{2+} 溶液环境中羧酸与石英表面间相互作用力达到 11.85mN/m

（0.533mN），Al³⁺溶液环境中羧酸与石英表面间相互作用力达到12.21mN/m（0.549mN）。

此外，随着浓度的增大，Na⁺对羧酸与石英表面间相互作用力的影响远小于Ca²⁺与Al³⁺，Al³⁺对羧酸与石英表面间相互作用力的影响略强于Ca²⁺。

（2）离子种类的影响。

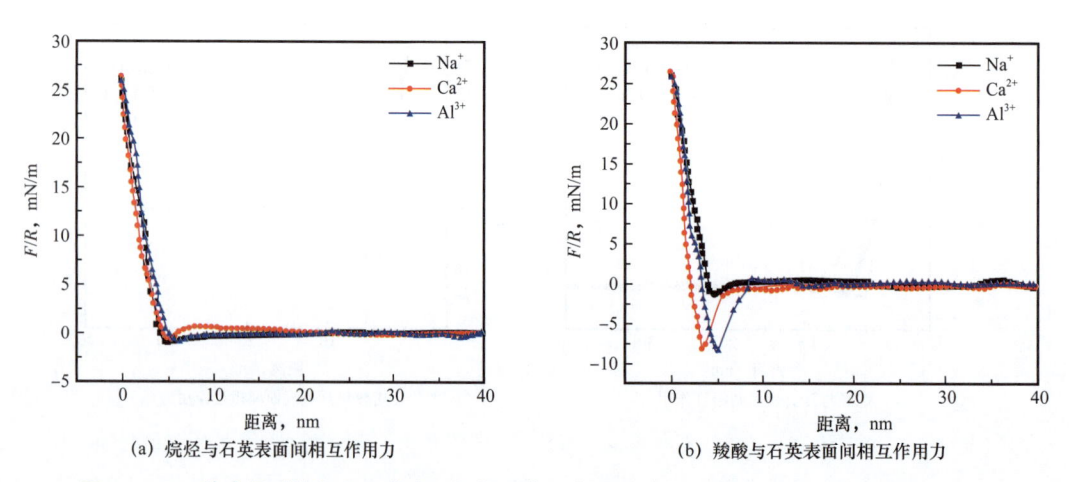

分别考察了离子种类对烷烃与石英表面间相互作用力以及羧酸与石英表面间相互作用力的影响，结果如图4.18至图4.20所示。

从图中可以看出，在相同离子浓度条件下，离子价态对烷烃与石英表面间的相互作用力影响不大，但对羧酸与石英表面间的相互作用力影响较大。随着离子价态的增大，羧酸与石英表面间的相互作用力逐渐增大，且二价、三价离子的影响远大于一价离子。可能是由于二价、三价离子能够结合更多的羧酸与石英表面。

(a) 烷烃与石英表面间相互作用力　　(b) 羧酸与石英表面间相互作用力

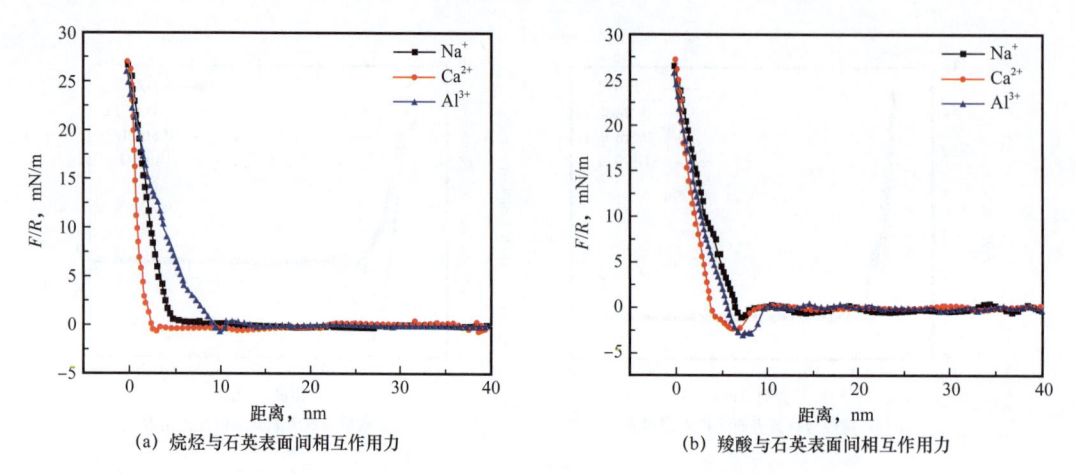

图4.18　一价离子对烷烃与石英表面间相互作用力及羧酸与石英表面间相互作用力的影响

(a) 烷烃与石英表面间相互作用力　　(b) 羧酸与石英表面间相互作用力

图4.19　二价离子对烷烃与石英表面间相互作用力及羧酸与石英表面间相互作用力的影响

(a) 烷烃与石英表面间相互作用力

(b) 羧酸与石英表面间相互作用力

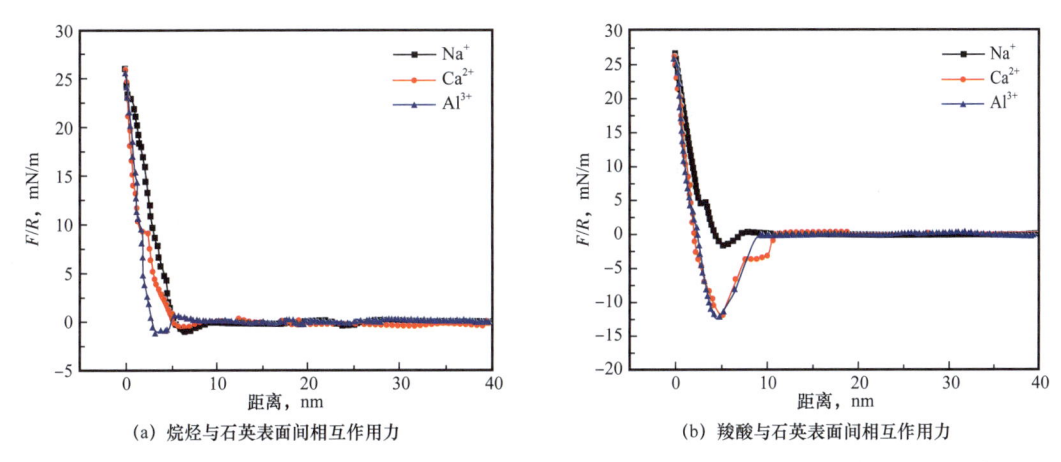

图 4.20　三价离子对烷烃与石英表面间相互作用力及羧酸与石英表面间相互作用力的影响

参 考 文 献

[1] 杨发荣, 左罗, 胡志明, 等. 页岩储层渗吸特性的实验研究 [J]. 科学技术与工程, 2016, 16（25）: 63-66.

[2] 黄睿哲, 姜振学, 高之业, 等. 页岩储层组构特征对自发渗吸的影响 [J]. 油气地质与采收率, 2017, 24（1）: 111-115.

[3] 邱小松, 胡明毅, 胡忠贵, 等. 页岩气资源评价方法及评价参数赋值——以中扬子地区五峰组—龙马溪组为例 [J]. 中国地质, 2014, 41（6）: 2091-2098.

[4] 王芙蓉, 何生, 郑有恒, 等. 江汉盆地潜江凹陷潜江组盐间页岩油储层矿物组成与脆性特征研究 [J]. 石油实验地质, 2016, 38（2）: 211-218.

[5] 王玉满, 董大忠, 李建忠, 等. 川南下志留统龙马溪组页岩气储层特征 [J]. 石油学报, 2012, 33（4）: 551-561.

[6] 陈勉, 葛洪魁, 赵金洲, 等. 页岩油气高效开发的关键基础理论与挑战 [J]. 石油钻探技术, 2015, 43（5）: 7-14.

[7] 尹光志, 李铭辉, 许江, 等. 多功能真三轴流固耦合试验系统的研制与应用 [J]. 岩石力学与工程学报, 2015, 34（12）: 2436-2445.

[8] 时贤, 程远方, 蒋恕, 等. 页岩微观结构及岩石力学特征实验研究 [J]. 岩石力学与工程学报, 2014, 33（S2）: 3439-3445.

[9] Hofmann A, Rigollet C, Portier E, et al. Gas Shale Characterization-Results of the Mineralogical, Lithological and Geochemical Analysis of Cuttings Samples from Radioactive Silurian Shales of a Palaeozoic Basin, SW Algeria [C] //North Africa Technical Conference and Exhibition. OnePetro, 2013.

[10] 陈平, 韩强, 马天寿, 等. 基于微米压痕实验研究页岩力学特性 [J]. 石油勘探与开发, 2015, 42（5）: 662-670.

[11] 罗荣,曾亚武,曹源,等.岩石非均质度对其力学性能的影响研究[J].岩土力学,2012,33(12):3788-3794.

[12] 陈会军,刘招君,朱建伟,等.油页岩含矿区开发优选的指标体系和权重的确定[J].中国地质,2009,36(6):1359-1365.

[13] 吴世强,唐小山,杜小娟,等.江汉盆地潜江凹陷陆相页岩油地质特征[J].东华理工大学学报(自然科学版),2013,36(3):282-286.

[14] 张泰华.微/纳米力学测试技术[M].北京:科学出版社,2013.

[15] 马新仿,李宁,尹丛彬,等.页岩水力裂缝扩展形态与声发射解释——以四川盆地志留系龙马溪组页岩为例[J].石油勘探与开发,2017,44(6):974-981.

第 5 章
岩石矿物与原油间作用力的定量评价

分子动力学模拟是一种最常用的通过计算机计算来研究微观体系物理、化学、力学性质的方法，自 1970 年被首次提出，其依靠计算机计算速率的飞跃开始快速发展。分子动力学模拟能够根据牛顿运动理论求解体系中每个粒子的运动行为，而后根据统计物理学原理将粒子的微观运动行为映射到体系的宏观热力学性质之中。在表征宏观物理规律的同时，提供了打开微观世界之门的钥匙。由于分子动力学模拟的理论基础是牛顿力学，因此其准确性十分依赖于粒子之间相互作用的力场参数和粒子组成的稳定结构的结构参数。经过近半个世纪的发展，分子动力学模拟力场的发展已趋于完善，通过第一性原理计算和实验测量，已经发展出了诸多适用于不同情况下的粒子之间相互作用参数。然而由于材料及其结构的多样性和复杂性，许多物质仍没有确定的化学结构表征，成为阻碍分子动力学模拟研究的重要因素之一。

5.1 多组分岩石分子动力学建模

5.1.1 油岩相互作用的分子动力学模拟研究概述

岩石按其成因可以分为以下三类：
（1）岩浆岩：由地壳深处或上地幔形成的高温熔融的岩浆，在地质构造运动的驱使下，侵入地下或喷出地表冷凝而形成的岩石。
（2）变质岩：在温度压力升高及活动性流体参与的条件下，由地壳中已存在的、先期形成的各种岩石发生矿物成分、结构、构造转化而重新形成的岩石。
（3）沉积岩：在地表条件下，由风化作用、生物作用及某些火山作用等形成的沉积岩原始物质经搬运、沉积和沉积后作用所形成的岩石。

非常规油藏是地球早期的低等植物、动物或高等植物死亡后，其内有机质经长时间地质作用自发裂解成熟，而形成的短链烷烃和芳香烃等物质，是一种典型的沉积型油气资源，因此其储层基质也可以大致分为两类：一类是以干酪根为代表的未发生裂解的有机质；另一类是沉积岩无机质，其中又可细分为页岩、砂岩、泥岩、石灰岩等具体组成。可以看出，非常规油藏的储层基质是组成极其复杂且理化性质极其不均一的物质。为了使用分子动力学模拟研究非常规油藏储层中油—水—壁面三相作用及离子水合桥的形成、作用和断裂机理，必须要构造出能够反映真实基质理化属性的壁面模型。

此外，油藏储层基质中孔隙结构的构造，也是分子动力学模拟研究的基础之一。原位表征数据指出，非常规油藏中孔隙结构可以分为微尺度孔隙（2~50nm）和纳尺度孔隙（<2nm）。前者主要分布在无机质之间及无机质和有机质之间，形成狭缝状孔隙结构；而后者主要分布在有机质之间，形成有机多孔介质。考虑到在纳尺度条件下，限域作用会导致物质的理化性质发生较大程度的改变，因此在分子动力学模拟研究中需要合理构造出这些具有不同几何特征的孔隙结构。

5.1.2 无机质岩石矿物建模

由于无机质大多具有典型的晶体结构，因此各种无机质组分结构的构造在分子动力学模拟中相对容易。基于X射线衍射测量技术和第一性原理模拟优化，大量的无机质岩石晶体结构已被精确构造，并被广泛使用。考虑到非常规油藏储层无机质以沉积岩为主，因此笔者详细调研了各种沉积岩晶体结构，并构建了一个精确且完备的沉积岩晶体结构库，以便后续研究。

一般而言，沉积岩晶体矿物主要可以分为黏土岩（包括高岭石、伊利石和蒙脱石等）、碳酸盐岩、石英岩三类。高岭石 [$KAl_4Si_4O_{10}(OH)_8$] 由一个 Si—O 八面体层和一个 Al—O 八面体层组成，是一种 1∶1 型黏土岩。伊利石 $\{K_x[Al_xSi_{(8-x)}]O_{20}(OH)_4\}$ 是一种典型的 2∶1 型黏土岩，由两个 Si—O 八面体层和一个 Al—O 八面体层组成。蒙脱石 [$Na_{0.75}(Al_{0.25}Si_{7.75})(Al_{3.5}Mg_{0.5})O_{20}(OH)_4$] 的结构更加复杂，也是一种 2∶1 型黏土岩，由两个 Si—O 八面体层和一个 Al—O 四面体层组成。由于这些黏土岩各层之间的电荷并不守恒，因此在其结构中通常存在游离的金属阳离子作为电荷平衡粒子。另一方面，碳酸盐岩的代表性物质是方解石（$CaCO_3$），是一种具有 R-3c 空间点群结构的简单晶体。最后，石英是页岩中最为常见和重要的无机质，其结构在不同的温度和压力条件下会产生微小的变化，进而可以细分为 α 和 β 两种结构。常温常压下，其结构为 β 型结构（空间点群：P3221）；但是在地层原位条件下，其主要以 α 型结构（空间点群：P6222）存在。上述各种岩石的代表性组分晶体结构（图5.1）已被收录于笔者的晶体结构库中。

力场参数的合理选择是决定分子动力学模拟结果准确性的先决条件。对于以沉积岩为代表的无机质体系，Cygan 等[1] 提出了一种较为精确的全原子力场——CLAYFF 力场，该力场能够准确地模拟无机质体系中粒子的运动情况。在本章的分子动力学模拟中，该力场也被使用。

5.1.3 有机质矿物建模

相较于含有确定结构的无机质晶体，非常规油藏储层中，没有唯一性结构的有机质的建模更显复杂。干酪根是储层基质中最为常见的无定形有机质，其主要组成元素为碳和氢，还含有少量的氧、氮、硫等杂元素。长期以来，由于精确原位勘探手段的缺少，干酪

(a) 高岭石　　(b) 伊利石　　(c) 云母石

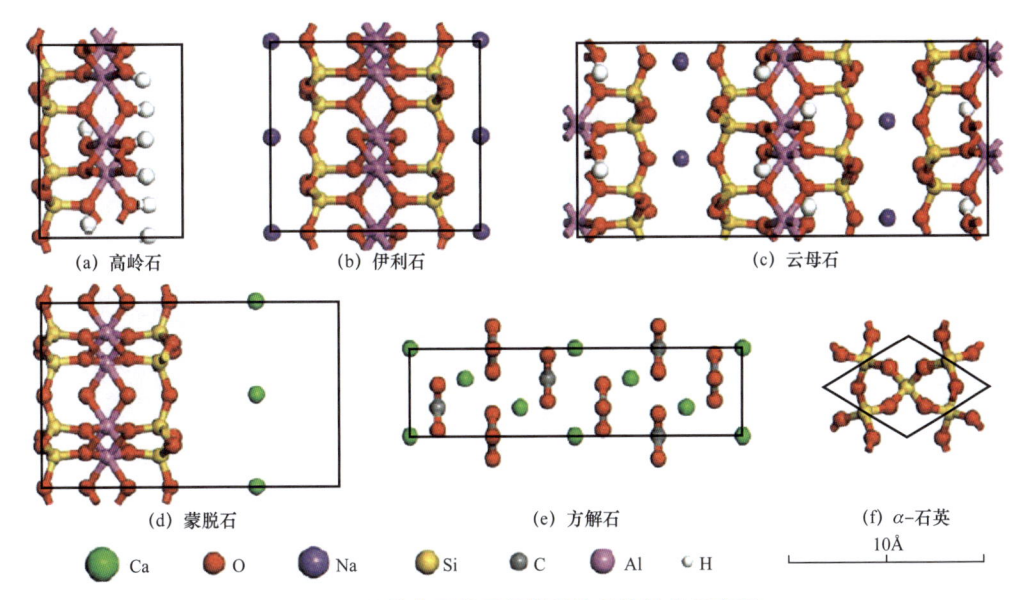

(d) 蒙脱石　　(e) 方解石　　(f) α-石英

Ca　O　Na　Si　C　Al　H

10Å

图 5.1　几种典型的无机岩晶体晶胞结构示意图

根常用石墨烯来代替，但这种妥协极大地影响着模拟结构的准确性。自干酪根在 1950 年被首次提出开始，人们对于研究其结构的努力就未曾停止。21 世纪以前，研究人员主要通过燃烧实验来表征干酪根中的元素组成[2]并据此将干酪根分成了三种类型（图 5.2）。Ⅰ型干酪根：起源于海洋植物和低等海洋生物，是产气潜能最高的干酪根。Ⅱ型干酪根：起源于湖泊藻类和湖泊植物，是当前分布最广的干酪根，并也含有较高的出气潜能。Ⅲ型干酪根：起源于陆地高等植物，也被称为褐煤，大多以稳定的固体形式存在，产气潜能较差。2007年，Kelemen 等[3]通过 X 射线衍射、^{13}C 核磁共振衍射等手段研究了页岩中干酪根的结构，发现对于属于不同类型和处于不同成熟阶段的干酪根，其分子结构具有较大的差异。真正

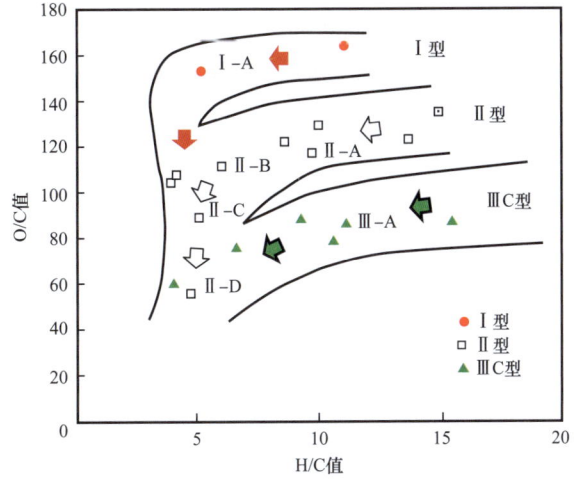

图 5.2　Van Krevelen 图

（用以通过 O/C 值和 H/C 值来区分干酪根种类及其成熟阶段，图中为一些干酪根样本的原位测量结果）

具有划时代意义的工作成果由 Ungerer 等[4]在 2015 年发表，其根据 Kelemen 等的测量数据，首次尝试用计算机算法进行分子建模以构造出同时满足所有测量结果的有机结构，最终获得了成功。这些分子结构被广泛用于页岩有机基质的构建及其相关研究，并开创了一个能有效构造干酪根分子结构的方法。基于此方法，更多学者根据不同的样本构造出了大量的干酪根分子结构，结果如图 5.3 所示。

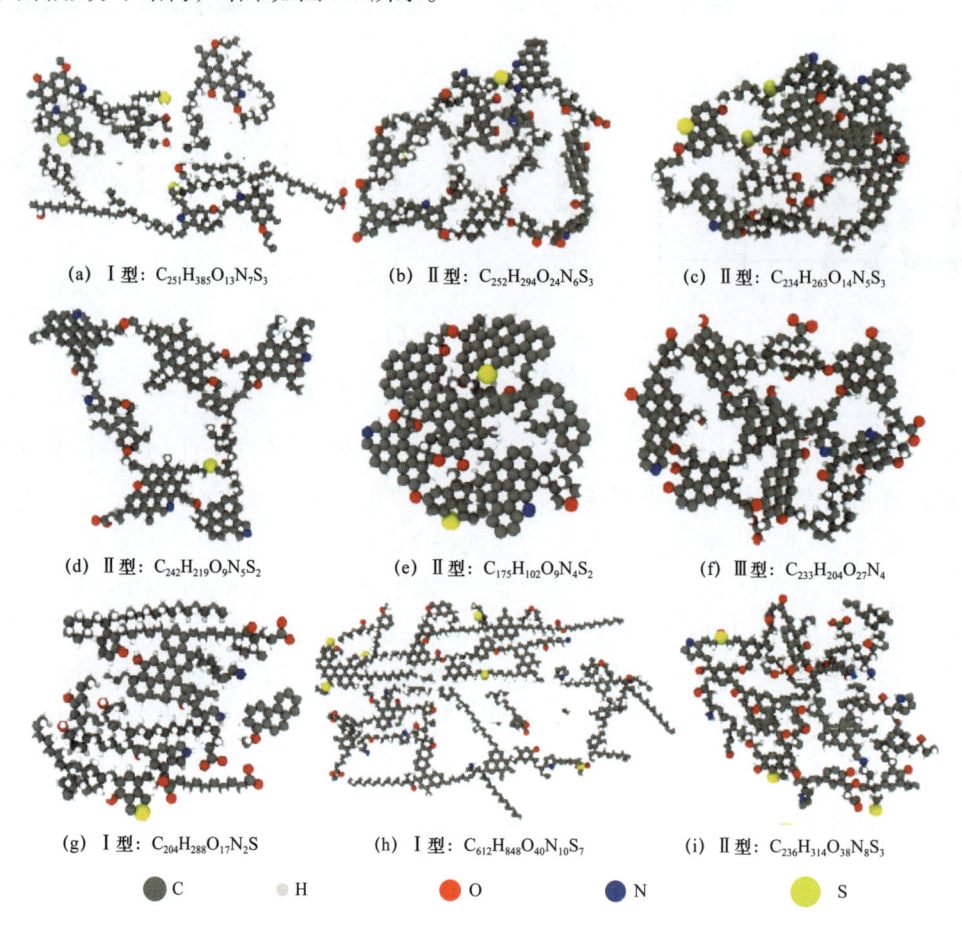

(a) Ⅰ型：$C_{251}H_{385}O_{13}N_7S_3$ (b) Ⅱ型：$C_{252}H_{294}O_{24}N_6S_3$ (c) Ⅱ型：$C_{234}H_{263}O_{14}N_5S_3$

(d) Ⅱ型：$C_{242}H_{219}O_9N_5S_2$ (e) Ⅱ型：$C_{175}H_{102}O_9N_4S_2$ (f) Ⅲ型：$C_{233}H_{204}O_{27}N_4$

(g) Ⅰ型：$C_{204}H_{288}O_{17}N_2S$ (h) Ⅰ型：$C_{612}H_{848}O_{40}N_{10}S_7$ (i) Ⅱ型：$C_{236}H_{314}O_{38}N_8S_3$

● C   ● H   ● O   ● N   ● S

图 5.3　基于实验数据所构造的几种典型的干酪根分子结构图

[(a) 页岩样本来自 GreenRiver；(b)—(e) 页岩样本来自 Duvernayseries；(f) 页岩样本来自 Gippsland；(g) 和 (h) 页岩样本来自 Songliao；(i) 页岩样本来自 Longkou]

由于有机计算化学的快速发展，已有大量的表征有机结构中粒子运动的力场被提出，其中较为常用的包括 COMPASS 力场、CVFF 力场、Deriding 力场、PCFF+ 力场、ReaxFF 力场等。经过长时间的演化和发展，这些力场都能够较为准确地表征有机质的理化性质。现阶段的研究中，选取了其中最为常用的 PCFF+ 力场，经过前期验证，该力场能够十分精确地描述饱和烷烃的物理性质（图 5.4），并且其与无机质力场 CLAYFF 的耦合使用准确性也得到了验证。

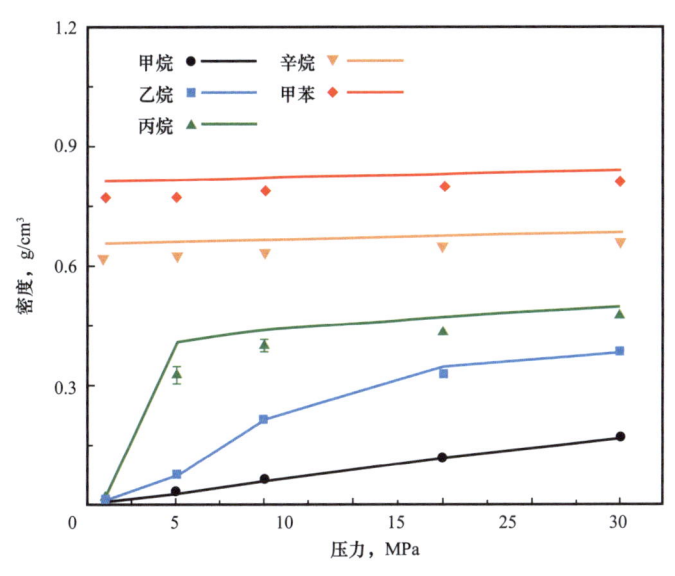

图 5.4　PCFF+ 力场参数在饱和烷烃分子模拟中准确性的验证

[实验数据来源：美国国家标准技术研究所（NLST）]

5.1.4　岩石孔隙结构的建立

由于无机质孔隙主要表现为狭缝状的微尺度孔隙，因此其构造手段较为简单（图 5.5），只需在两层无机质晶体之间空出一个狭缝空间即可。

岩石有机质中分布的主要是没有特定几何形状的孔隙网络结构，其构造方法相对复杂。常用的构造方法是由 Collell 等[5]在 2015 年提出的，其主要思路是在干酪根分子中随机地插入一些"假粒子"来占据一定的空间，然后对整个干酪根分子进行压缩，使其密度达到标准密度（0.7~1.5g/cm³），而后将这些假粒子删去，即可得到含多孔结构的干酪根块体。本书研究重现了这一过程，并得到了含有多孔结构的干酪根块体结构（图 5.6）。

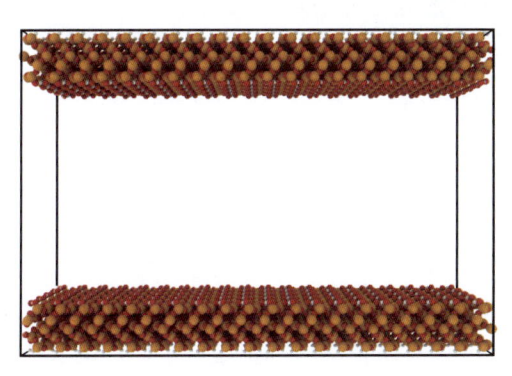

图 5.5　无机岩石英狭缝状孔隙结构构型

图 5.6　有机质干酪根孔隙网络基质结构构型

（灰色区域为通过"假粒子"所形成的孔隙）

5.2 沥青质沉积对纳米孔隙内轻质油分输运的影响

在实际原油开采过程中,沥青质沉积是一个普遍存在的现象,沥青质不仅会沉积在储存有页岩油的微纳米孔隙中,而且在原油被采出的过程中还会沉积在输运管道、储存罐中。沥青质是原油中密度最大、极性最强的组分。一般来说,沥青质可溶于甲苯等芳香族溶剂,但不溶于正庚烷等轻质石蜡型溶剂。在原油尚未被开采的情况下,沥青质、胶质等组分可以在原油体系中以稳定的状态存在,不会发生聚集。然而,这种平衡态很容易被温度、压力、原油性质等外界环境因素的变化而打破,从而导致溶解在原油中的沥青质发生失稳、絮凝、沉淀(图 5.7)。沥青质容易沉积在孔隙的岩石表面,导致孔喉的堵塞、储层润湿性降低等。

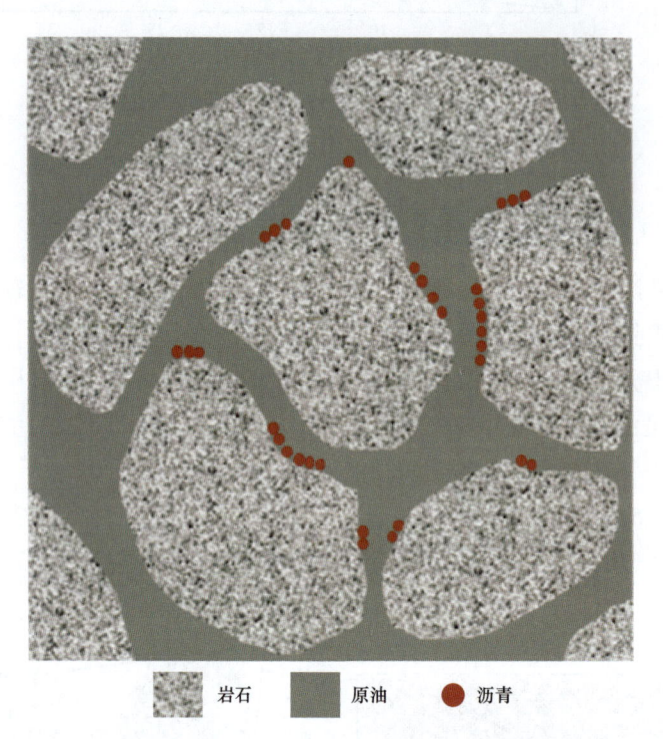

图 5.7 沥青质在页岩孔隙中的沉积示意图

5.2.1 国内外对沥青质沉积的研究现状

沥青质的沉降和沉积是一个十分复杂的问题,从 20 世纪中叶开始就有研究者对其进行研究。Minssieux[6]将不同沥青质含量的原油注入不同的岩心样本,第一次对孔隙介质中沥青质的沉积进行了大规模研究。Gruesbeck 等[7]也对沥青质的沉积进行了广泛的实验研究,并进一步提出了沥青质沉积的平行路径模型,在 Gruesbeck 的模型中,沥青质被视为细颗粒物。Civan[8]基于 Gruesbeck 的模型,首次建模了多孔介质中石蜡和沥青质同时沉积的过程。Shaojun 等[9-10]进一步修正了 Civan 的模型并将其成功地应用到 6 种典型的工况，比较良好地吻合了实验数据。Ali 等[11]考虑了沥青质沉淀对地层造成伤害的两种机制——沥青质吸附和夹带。基于油湿多孔介质和多层吸附的假设用表面过剩理论成功描述了沥青质的吸附过程。尽管有几种模型被提出来描述沥青质的沉积，但其都不能理论地描述沥青质沉降和沉积的物理过程，并且都有一定的局限性，而实验研究一般只限于岩心实验，难以阐明沥青质沉积的微观机理。随着模拟计算能力的提高，一部分研究人员开始利用分子动力学模拟从微观角度研究沥青质的聚集和沉积。Rogel[12]计算了两种不同的沥青质平均分子模型和聚合物的溶解度参数，发现沥青质聚合物的数量随着溶解度参数的减小而增大，且溶剂中庚烷和甲苯的比值越大，形成的沥青质团聚体越稳定。Sedghi 等[13]比较了 8 种沥青质结构聚集体的吉布斯自由能和平均力势，发现沥青质聚合体存在平行堆叠和 T 字形两种稳定的构型。为了进一步探究沥青质聚合的主要作用力来源，沥青质中的多芳核、脂肪侧链以及异质杂原子形成的极性官能团也引起了研究人员的广泛重视，研究发现多芳核堆叠产生的 π—π 相互作用是沥青质分子发生聚集的主要来源，极性官能团之间的氢键作用也有贡献，而沥青质较长的脂肪侧链会形成空间位阻效应显著抑制沥青质的聚集。实际上，当沥青质形成聚集体之后，聚集体会进一步生长为较大的团簇从而失稳吸附在岩石壁面上，因此理解沥青质在受限无机纳米孔内的自聚集和沉积的微观机理也十分重要。在最近的研究当中，Xiong 等[14]将沥青质分别置于甲苯和庚烷为溶剂的石英纳米孔中，发现沥青质在庚烷溶剂中明显更容易吸附在两侧壁面上，并且是沥青质的极性基团羧基先与表面羟基形成氢键，然后多芳核再吸附在表面上。而 Lan[15]的工作也发现溶剂会对沥青质的吸附量和吸附速率产生重要影响，且沥青质单体吸附和多体吸附的构型有所不同，单体吸附只会与壁面平行，而多体吸附不仅存在平行吸附，还存在倾斜吸附构型。此外，之前的实验和模拟研究均表明，CO_2 驱油时会加速沥青质的沉积[16]，Fang 等[17]通过分子动力学模拟进一步研究了超临界二氧化碳驱油时沥青质沉积的微观机理：CO_2 先溶解油中的非极性组分，而极性组分沥青质难以被溶解，未被溶解的沥青质会先聚集再沉积到壁面上。然而，截至 2019 年底，尚没有一个完整的工作研究没有外界溶剂影响下沥青质在轻质油分中是如何沉积在无机壁面上以及沥青质沉积后对纳米孔隙油分的输运的影响。笔者从分子动力学的角度探究了二氧化硅孔隙中沥青质在轻质油分中的沉积机理以及沥青质沉积对油分输运的影响，研究分为二氧化硅纳米孔中沥青质与庚烷的竞争性吸附与沥青质的沉积机理、沥青质沉积对轻质油分庚烷输运的影响、二氧化硅表面基团对沥青质吸附及输运的影响三个部分。

5.2.2 模型与方法

所建立模型由两块相距一定距离且互相平行的石英基底构成的狭缝组成，石英基底采用 α 石英晶体的（100）面 [图 5.8（a）和图 5.8（b）]。其中，图 5.8（a）中的石英表面采用了完全羟基化处理。石英基底放置在 x—y 平面内，基底尺寸为 3.44nm × 3.78nm，z 方向的厚度为 1.17nm。孔隙宽度（上、下表面之间最接近的羟基氢原子的距离）为 6nm。由于原油的组分十分复杂，因此对其进行了简化，选择沥青质和庚烷分别代表原油中的极性组分和非极性组分。沥青质分子模型采用大陆型结构——$C_{54}H_{65}NO_2S$[18][图 5.8（d）]，庚烷分子结构如图 5.8（e）所示。为了研究沥青质和庚烷在石英狭缝孔隙中的流动特性，构建了一种沥青质—庚烷—沥青质夹层模型。对于夹层模型，在石英表面预先沉积了两层沥青质层，正庚烷分子分布在狭缝孔的中间。为了获得初始模型，首先在石英表面预先放置了几个沥青质分子，分别在顶部和底部表面形成两个沥青质薄膜。接着将一定数量的庚烷分子放置在狭缝的外部和内部。然后在 NPT 系综下进行模拟，得到具有适当密度的模型，最后删除狭缝外的庚烷分子以及沥青质分子。沥青质—庚烷—沥青质夹层模型中庚烷的体相密度为 0.690g/cm³，与 NIST 提供的密度数据 0.695g/cm³（温度为 300K，压力为 20MPa）吻合较好。

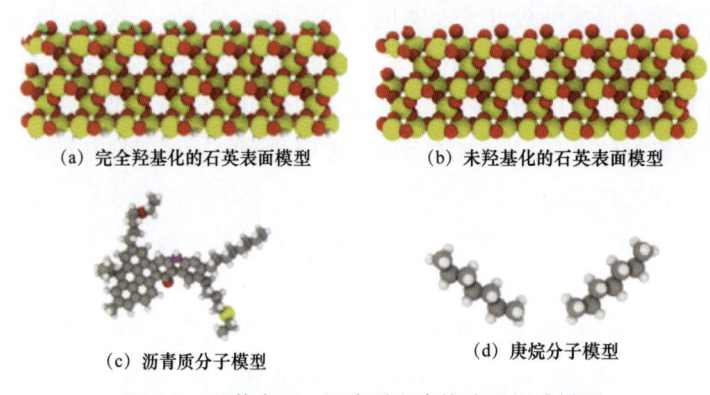

(a) 完全羟基化的石英表面模型　　(b) 未羟基化的石英表面模型

(c) 沥青质分子模型　　(d) 庚烷分子模型

图 5.8　石英表面、沥青质和庚烷分子组成模型

为了研究沥青质和庚烷在石英表面的竞争吸附，首先对沥青质—庚烷均匀混合体系进行了平衡分子动力学（EMD）模拟。初始模型建立后对其采用最陡下降算法进行能量最小化，以最小化初始系统的势能。体系的模拟温度设定为 600K，这样可以加快模拟进度，降低计算成本。在所有的计算中，基底的所有原子都被设置为刚性，除了羟基氢原子可以在一个 O—H 键长度范围内做小范围转动。

为了研究油分在石英狭缝中的输运行为，笔者对夹层模型和纯庚烷模型进行了非平衡分子动力学（NEMD）模拟。对所有的油分子沿流动方向施加一个恒定的加速度表示均匀压力梯度驱动流，相应的压力梯度范围为 1.98~3.96MPa/nm。系统温度通过 Nose/Hoover 恒温器控制在 300K，时间步长为 1fs。只有垂直于流动方向的速度分量才用于计算温度，且只有 x 和 y 方向采用周期边界条件。

5.2.3　模型验证

图 5.9（a）显示了沥青质分子质心随时间沿 z 方向的变化曲线。从图中可以看出，随着模拟的进行，初始随机分布在狭缝孔中的沥青质分子在上、下表面上有很强的吸附倾向，

并且都形成了多层吸附结构。然而，笔者发现沥青质分子在上、下表面的多层吸附机制并不完全相同。对于吸附在上表面的沥青质分子，单个沥青质分子（as1）首先吸附在上表面，然后在沥青质分子之间强的多芳香环相互作用下，该沥青质分子先后吸附另外两个沥青质分子（as2和as4），从而形成多层吸附结构。对于吸附在下表面的沥青质分子，几个沥青质单体（as3、as5、as6、as7）首先聚集形成多聚体，然后一起吸附在表面上，这与之前CO_2驱油导致石英表面沥青质沉淀的模拟研究结果是一致的。从沥青质和庚烷在完全羟基化石英狭缝中的密度分布曲线［图5.9（b）］可以看出，沥青质在上、下表面附近有多层吸附峰，对应沥青质吸附的层数。与纯庚烷系统的密度分布曲线相比，庚烷的第一密度吸附峰大大减弱，这意味着沥青质分子占据了庚烷分子在上、下表面附近的有效吸附空间，表明沥青质与石英表面的吸附能力明显强于庚烷。图5.9（c）显示了为模拟结束时的最终构型，可以看到上、下表面形成明显的沥青质堆积结构，这也与图5.9（a）和图5.9（b）中所描述的相对应。事实上，在狭缝中沉积的沥青质有生长的趋势，并会进一步增加沉积层的厚度，导致狭缝孔隙的堵塞，模拟过程中观察到的沥青质的层层吸附过程也体现了这一点。由于均匀混合沥青质—庚烷模型中的沥青质数量相对较少，因此将大约1nm厚度的沥青质层分别预先放置在上、下基底表面，使其尽可能覆盖整个石英表面，以方便进一步探讨沥青质沉积对狭缝孔隙中油输运的影响。

(a) 沥青质分子质心随时间变化曲线

(b) 沥青质和庚烷在完全羟基化石英狭缝中的密度分布曲线

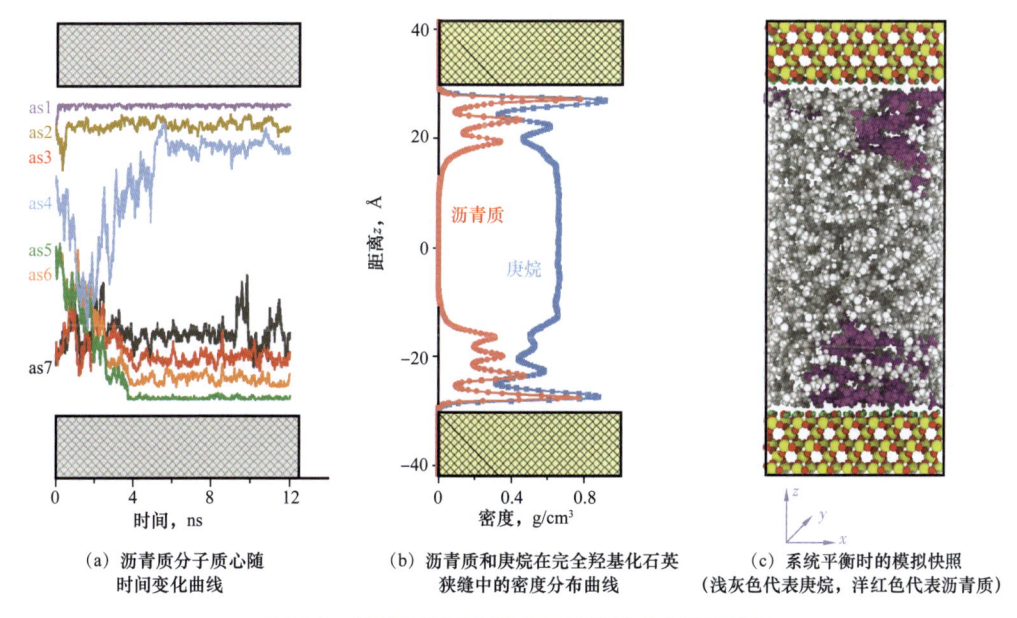

(c) 系统平衡时的模拟快照（浅灰色代表庚烷，洋红色代表沥青质）

图5.9 沥青质沉积研究模型模拟过程曲线及快照

图5.10（a）显示了纯庚烷模型和沥青质—庚烷—沥青质夹层模型在不同压力梯度下的速度曲线。从图中可以看出，庚烷在孔隙中心区域的速度曲线呈抛物线分布，这是符合泊肃叶流动理论的。与纯庚烷体系相比，沥青质沉积的油的速度大大降低，导致狭缝孔隙中总流量的显著降低。从图中也可以看出，由于沥青质与石英表面的强烈相互作用，沥青质

在上、下表面附近的速度几乎为 0。图 5.10（b）显示了压力梯度为 3.96MPa/nm 时庚烷的局部速度和密度曲线。从图中可以看出，尽管大部分的表面积被沥青质所占据，但庚烷的密度曲线仍然存在明显的分层结构，说明仍有一定数量的庚烷分子吸附在表面或者分布在沥青质层之间的空隙中。庚烷密度层与层之间的距离约为 4.4Å，这与 Wang 等[19]先前的研究结果是一致的。这种受限流体分层现象在以往的研究工作中也得到了广泛的报道，这可能归因于油分子和表面之间的相互作用导致孔隙中的电位的不均匀分布。对于远离表面的庚烷分子，由于与表面的相互作用可以忽略不计，它们回到无序状态，而不是表面附近油分子的有序分布。这也解释了孔隙中央的庚烷速度仍然保持抛物线分布。然而，由于沥青质分子沿流动方向的空间阻塞，庚烷分子在这些区域的运动受到很大的限制。因此，表面附近的庚烷分子流动性很差，很难被驱出孔外，从而导致驱油效率显著下降。从纯庚烷的局部速度分布剖面[图 5.10（b）]可以看出，在油—岩石界面处和第一层和第二层吸附峰间的界面处速度有一个明显的阶跃，这表现出两种不同的滑移现象（固—液滑移和液—液滑移），对应于图 5.10（b）中的两个滑移速度（v_I 和 v_{II}）。与有水膜存在的石英纳米孔中油的流动相似，当有沥青质沉积的时候，庚烷与石英表面的固—液滑移消失了。但与油—水界面区仍然存在微弱的液—液滑移不同，庚烷—沥青质界面区的液—液滑移随着庚烷与石英表面的固—液滑移的消失也一并消失，这可能是庚烷与沥青质界面的不稳定性导致的。同样的原因也可以用来解释庚烷吸附层间液—液滑移的消失。更进一步地，在接下来的内容当中，笔者将试图从界面能的角度来揭示这种现象的机理。

(a) 纯庚烷模型和沥青质—庚烷—沥青质夹层
模型在不同压力梯度下的速度曲线
（v_0，v_1—分别为纯庚烷模型和沥青质—庚烷—
沥青质夹层模型中庚烷的速度）

(b) 压力梯度为 3.96MPa/nm 时庚烷的局部速度
和密度曲线
（ρ_0，ρ_1—分别为纯庚烷模型和沥青质—庚烷—
沥青质夹层模型中庚烷的密度）

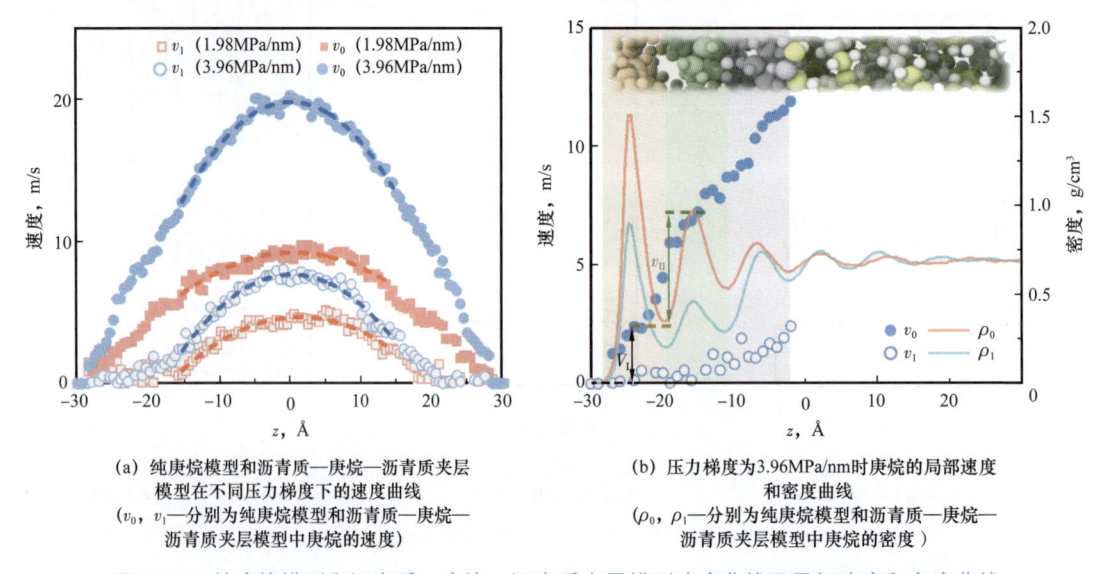

图 5.10　纯庚烷模型和沥青质—庚烷—沥青质夹层模型速度曲线及局部速度和密度曲线

图 5.11 显示了计算沥青质 /SiO$_2$—H、庚烷 /SiO$_2$—H、沥青质 / 庚烷、庚烷 / 庚烷界面能的模型。

为了避免周期镜像的影响，只有与表面平行的两个方向采用了周期边界，并且在垂直表面的方向添加了一个真空层。单位面积的界面能定义如下：

$$\Delta E_{A/B} = \frac{E_{\text{total}} - E_A - E_B}{S} \tag{5.1}$$

式中　E_{total}——A 和 B 的总势能；

　　　E_A，E_B——分别为 A、B 单独计算的势能；

　　　S——A 和 B 的界面面积。

(a) 沥青质/SiO$_2$—H 界面能计算模型　(b) 庚烷/SiO$_2$—H 界面能计算模型　(c) 沥青质/庚烷 界面能计算模型　(d) 庚烷/庚烷 界面能计算模型

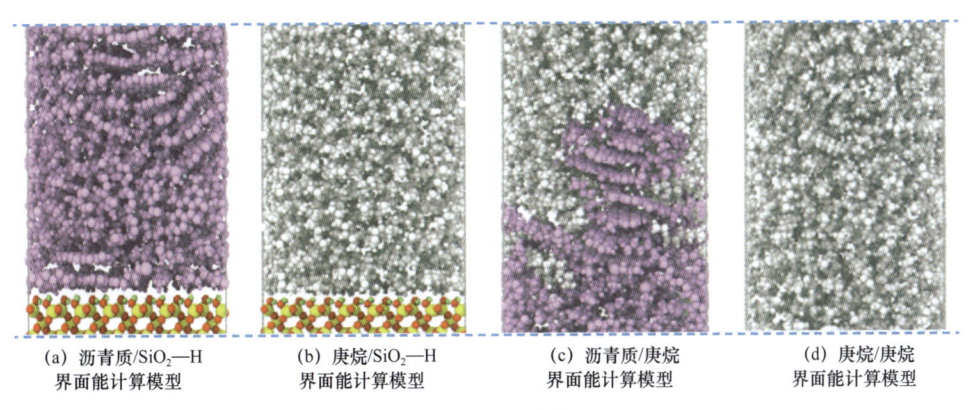

图 5.11　界面能计算模型

　　该定义有效避免了因分子大小造成的相互作用能的差异。沥青质/SiO$_2$—H 的界面能明显大于庚烷/SiO$_2$—H 的界面能（图 5.12），说明沥青质在 SiO$_2$—H 表面具有比庚烷更强的吸附能力，也正是这种强吸附能力使得沥青质难以在 SiO$_2$—H 表面发生滑移。另一方面，庚烷在石英表面附近的有效吸附空间被沥青质占据，只有一小部分庚烷分子分布在沥青质和石英表面之间的间隙中，这种无序分布也使正庚烷在石英表面的滑移难以发生。通过对沥青质/庚烷与庚烷/庚烷界面能的比较，可以发现庚烷/庚烷界面能很小，远小于沥青质/庚烷界面能，这也合理解释了纯庚烷体系中由于层与层之间相互作用弱而使得层间滑移更容易，但在沥青质存在的情况下，沥青质与庚烷之间较强的相互作用使得沥青质/庚烷界面区域难以发生滑移。从图 5.12 中还可以看出，沥青质、庚烷和石英表面之间的相互作用主要是由范德华相互作用引起的，静电相互作用贡献很小。值得注意的是，庚烷与羟基化石英表面的静电相互作用是正的，代表排斥相互作用；而沥青质与羟基化石英表面的静电相互作用是负的，代表吸引相互作用，这可能是由于羟基化石英表面上的羟基与沥青质分子中的极性基团之间的氢键引起的。

　　为了进一步研究 SiO$_2$ 表面性质对沥青质和庚烷吸附的影响，笔者去除了暴露在表面的氧原子连接的氢原子，其他的包括沥青质和庚烷分子在狭缝内的分布均与之前的均匀混合沥青质—庚烷模型相一致。经过相同的模拟时间后，计算了所有沥青质分子的总吸附时间以比较沥青质在 SiO$_2$ 和 SiO$_2$—H 表面的吸附强度。吸附时间比定义为沥青质总吸附时间与总模拟时间的比值。沥青质分子在 SiO$_2$—H 表面的总吸附时间比在 SiO$_2$ 表面明显更大

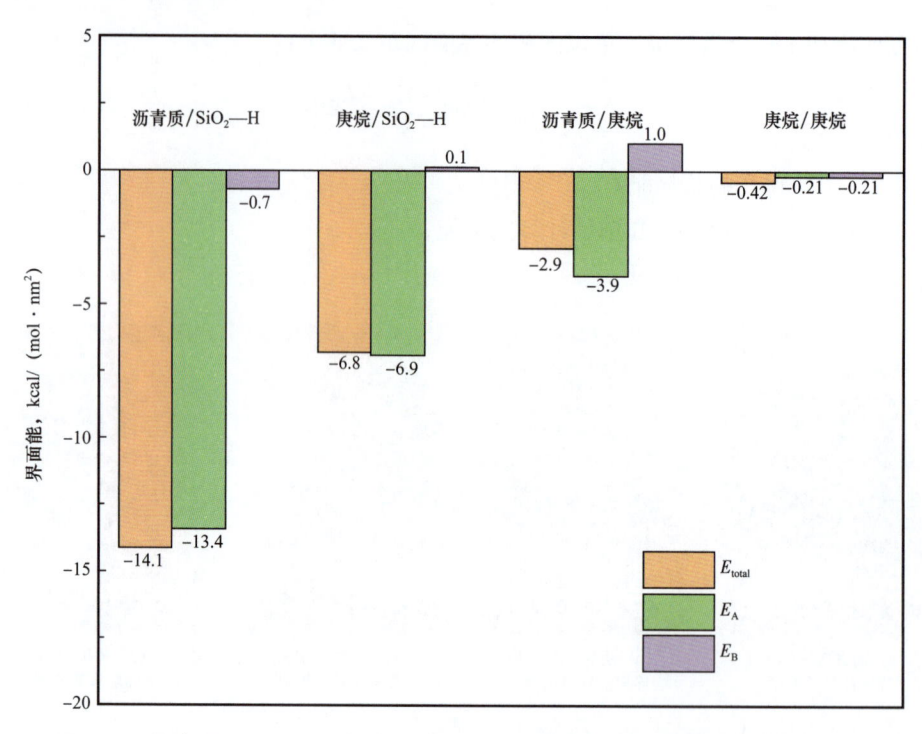

图 5.12 沥青质/SiO$_2$—H、庚烷/SiO$_2$—H、沥青质/庚烷、庚烷/庚烷的界面能

(图 5.13)。对于 SiO$_2$ 表面,吸附在表面上的沥青质分子较少,且沥青质分子在表面上的吸附也较慢,这意味着沥青质分子吸附在 SiO$_2$ 表面所花费的时间比在 SiO$_2$—H 表面所花费的时间长。从沥青质分子在 SiO$_2$ 狭缝中的密度分布当中也观察到了一种不对称性,笔者把这种不对称性归因于初始模型中沥青质分子的随机分布以及沥青质分子结构本身的不对称性。随着模拟时间的进行,在离 SiO$_2$—H 表面较远的沥青质吸附层中观察到轻微的解吸,但与表面直接接触的沥青质分子由于与表面的强相互作用一直吸附在表面上。但也发现,这些解吸的沥青质分子进入庚烷体相中后经过一段时间后仍然有再次与吸附在表面上的沥青质形成多层堆叠结构的趋势。

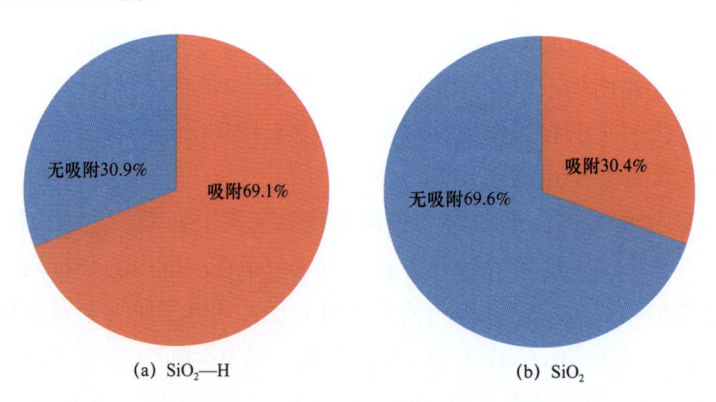

图 5.13 SiO$_2$—H 和 SiO$_2$ 狭缝中沥青质分子的吸附时间比

笔者也计算了两种油分子与 SiO_2 表面的界面能，以进一步解释油分子在 SiO_2 狭缝和 SiO_2—H 狭缝中吸附现象的差异。从图 5.14 中可以看出，沥青质和庚烷与 SiO_2 的界面能均小于其与 SiO_2—H 的界面能，这意味着沥青质和庚烷对 SiO_2—H 表面的结合能力比 SiO_2 表面要更强。有趣的是，虽然沥青质/SiO_2 的总界面能小于沥青质/SiO_2—H，但其范德华力部分与沥青质/SiO_2—H 接近，而其静电组分不像沥青质/SiO_2—H 的界面能那样呈正值而是负值。通常，范德华相互作用是疏水相互作用的主要组成，而静电相互作用被认为是一种亲水相互作用。因此，可以认为沥青质更倾向于沉积在亲水表面，而庚烷与这两种表面的吸附能力变化不大。

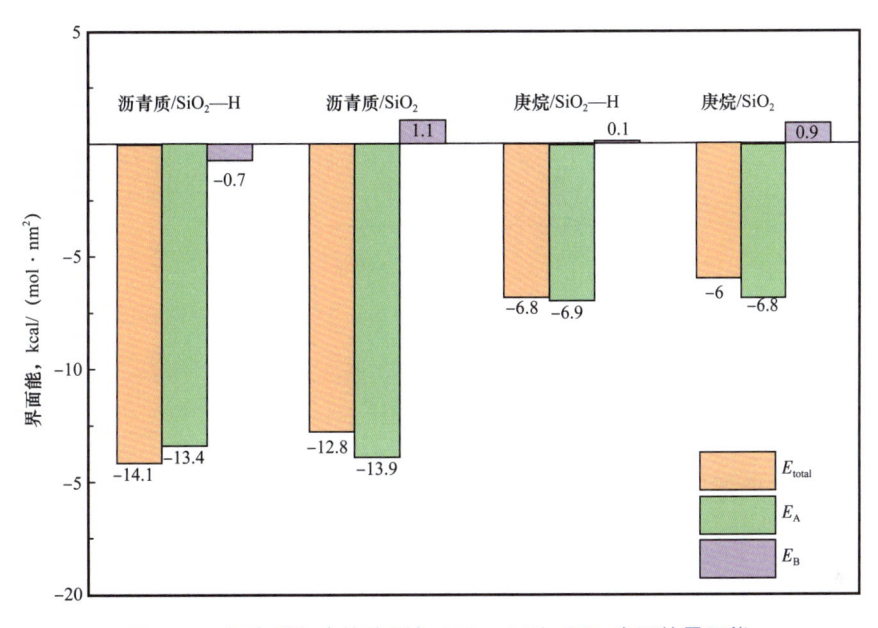

图 5.14 沥青质和庚烷分别与 SiO_2—H 和 SiO_2 表面的界面能

经过 30ns 平衡分子动力学模拟后，得到油在 SiO_2 和 SiO_2—H 狭缝中的分布，基于这两个分布模型，笔者对其进行了非平衡分子动力学模拟来比较它们的总体积流量。图 5.15 显示了不同压力梯度下 SiO_2—H 和 SiO_2 狭缝中油分的体积流量，可以看出，在 SiO_2 狭缝孔隙中，油的总体积流量明显大于 SiO_2—H 狭缝孔隙中的体积流量。油的体积流量与压力梯度呈线性关系，且压力梯度越大，SiO_2 和 SiO_2—H 狭缝中油的总体积流量差越大。事实上，当压力梯度超过 2MPa/nm 时，由于沿流动方向的切向力，有一些沥青质分子从多层沥青质堆叠结构中解吸，而直接吸附在表面上的沥青质分子，仍然很难从表面去除进入庚烷体相中。当压力梯度进一步增大时，只有一个沥青质分子吸附在 SiO_2—H 下表面，而此时没有沥青质分子吸附在 SiO_2 下表面。但在 SiO_2—H 和 SiO_2 的上表面分别有三个沥青质分子和两个沥青质分子吸附。这是因为沥青质之前在上表面的吸附存在多个吸附点，而在下表面是单点吸附形成的多层堆叠结构。而沥青质分子之间的相互作用比沥青质分子与表面的相互作用弱得多。值得注意的是，即使只有一个沥青质分子吸附在 SiO_2—H 的下表面，庚烷在下表面附近的速度曲线仍表现出无滑移的特征,而在 SiO_2 下表面附近的庚烷有一个明显的滑移速度。另一方面,沉积沥青质分子的数量越多,则沥青质对狭缝内表面附近庚烷速度的减小越显著。上述两个原因使得 SiO_2—H 和 SiO_2 狭缝内油分的体积流量产生了比较大的差异。

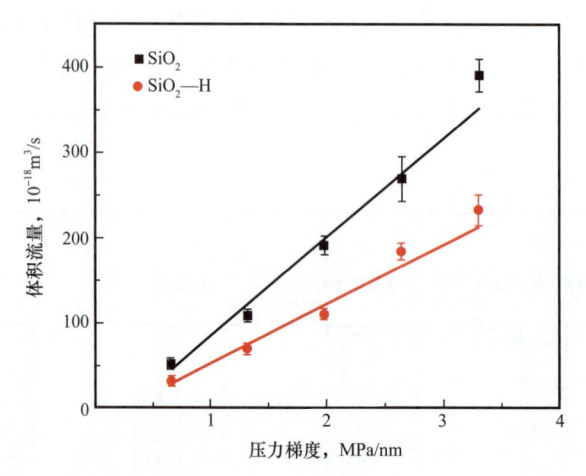

图 5.15 不同压力梯度下 SiO_2—H 和 SiO_2 狭缝中油分的体积流量

5.3 储层黏土壁面润湿性研究

在原油储层中,黏土矿物是最普遍的成分之一,黏土也是地质构造中最重要的矿物成分之一,在许多工业领域有着广泛的应用。黏土的润湿性在矿物加工、农业、基础地质认识、水文、油水分离和多相流体流动等许多领域都具有重要意义。

5.3.1 黏土壁面润湿性研究概述

黏土润湿性是一个复杂的参数,由黏土表面化学、原位水和非水流体化学及地热条件决定。黏土矿物主要以纳米和微米级颗粒的形式存在,由于这种大的比表面积,黏土的表面特性比体积特性更重要。因此,特别是当矿物表面与储层流体相互作用时,黏土润湿性在许多自然现象(如水的渗透)中起着关键作用。例如,在低盐驱油提高采收率过程中,带负电荷的黏土表面和带正电荷的地层盐水离子之间形成双电层(EDL);注入的低矿化度盐水使双电层增大,黏土表面极性增大,从而增加了表面亲水性,提高了采收率[20]。润湿性引起的另一个重要影响是页岩中孔隙尺度的油气分布。在水湿地层中,水往往占据了很多小孔隙,以连续相的形式存在于地层中,而烃类出现在大孔隙中;相比之下,在油湿地层中,水则被孤立成水滴状,而油往往吸附在孔隙壁上[21]。因此,当润湿性未知或具有很高的不确定性时,这可能造成对油气储量和产量的错误解释。可见,储层黏土矿物的润湿性研究极为重要。

5.3.2　建模与方法

储层黏土壁面润湿性研究模型体系的初始构型如图 5.16 所示，壁面的长沿着 y 轴方向，壁面的宽沿着 x 轴方向，壁面的高沿着 z 轴方向，壁面的长度远大于宽度，这就形成了一个准二维的模型。这样一个模型不仅有利于计算水滴接触角，而且也可以节省计算时间。

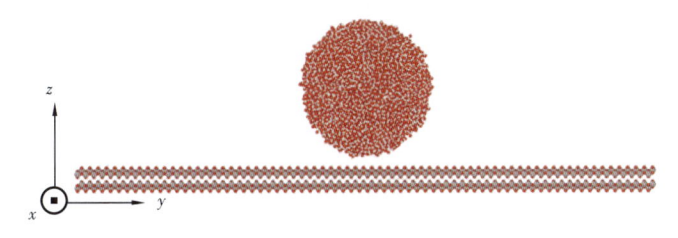

图 5.16　储层黏土壁面润湿性研究模型体系的初始构型

首先用 Packmol 建立了准二维的水滴模型，在半径为 30Å、长度为 50Å 的圆柱中填充 4500 个水分子，圆柱的轴线沿着 x 轴方向，将水滴置于壁面上方 3Å 处，可以在 Packmol 程序初始位置设置输出格式，这里以 "pdb" 格式输出带水分子的模型输出文件，输出的文件里面仅包含壁面以及水分子中各个原子的位置信息。接下来需要把输出的 "pdb" 文件导入 VMD 软件中，观察模型是否符合预期，也可以在其 Tk Console 中键入对应原子的带电量以及模型中的键角、二面角等信息。接着就可以输出为 Lammps 可读的 "data" 文件，此外，生成的 "data" 文件可以在 Ovito 中进行可视化，最后可以通过 Lammps 读取 "data" 文件，写出相应的 "in" 文件在 Lammps 中进行分子动力学模拟。一般来说，Lammps 的 "in" 文件主要包含以下几个部分：

（1）初始模拟系统设置。如模拟时使用的单位、空间维度、原子类型、边界条件以及领域等。

（2）初始模型的构建或是读取初始模型数据。构建模型时就要涉及晶格的设置以及划分区域并填充需要的原子等问题。

（3）定义原子相互作用的作用势或者设置力场，如果有势文件或力场文件可以直接读取，否则就需要键入力场参数。

（4）定义原子或者体系中的某些信息的计算，如原子势能。

（5）定义输出原子或体系的热力学信息，这些定义输出的信息在模拟过程中都会显示在屏幕上。

（6）设置模拟环境并运行。系综就是在这里设置，这里也可以定义输出一些包含特定原子信息的特定类型的文件，如原子的坐标、速度、编号、密度、均方位移等信息，以便于后续的数据处理。

建立好的模拟体系进行模拟的计算流程如图 5.17 所示。

液体对固体的润湿程度可以用润湿接触角来度量，对于常见的液滴润湿壁面模型

(图 5.18），液滴在固体壁面上的接触角就是沿着气—液界面的切线与沿着固—液界面的交线在液相之间的夹角，通常用 θ 表示。

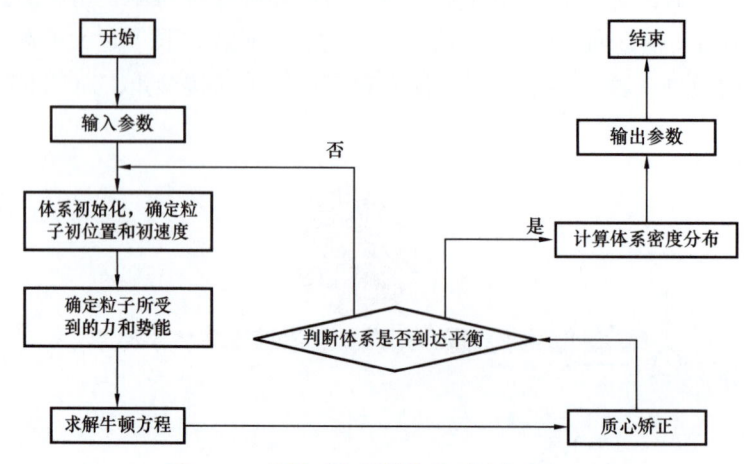

图 5.17　分子动力学模拟体系计算流程图

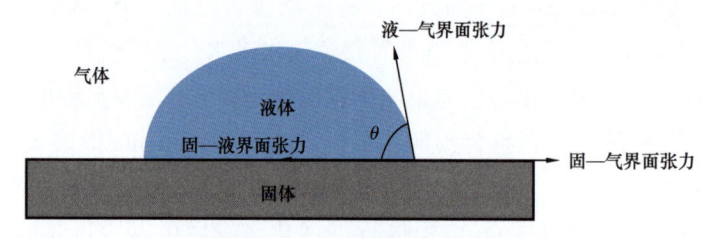

图 5.18　液滴润湿壁面模型

液滴尺度相对很小，因此液滴在固体岩石表面铺展后的轮廓可以看成一个圆弧，通过 Lammps 程序，将体系根据一定的规则将模拟的盒子中特定的区域划分为多个小格子，得到每个小格子的粒子数后计算密度，根据得到的密度可以得到等密度曲线图，通过得到的图进行指定的运算就可得到接触角。本书通过得到液滴的球冠（缺）高度与液滴铺展的长度来得到液滴的接触角。假设球冠（缺）高度为 h，铺展长度为 l，液滴铺展圆的半径为 r。图 5.19 为计算接触角示意图。

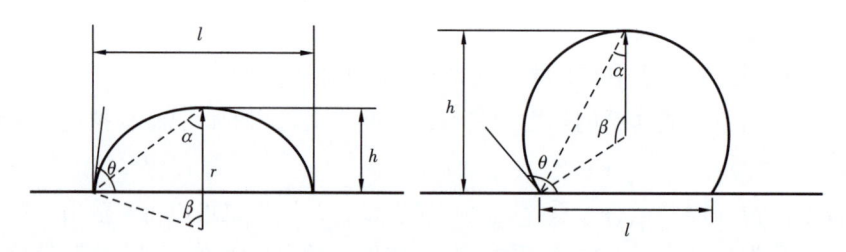

图 5.19　计算接触角示意图

由接触角定义可知图 5.19 中接触角为 θ，又由几何知识可得角 β 与角 θ 的大小相等，所以求出 β 的大小即可得到接触角的大小。角 α 的计算如下：

$$\alpha = \arctan\left(\frac{l/2}{h}\right) \tag{5.2}$$

再把 α 由弧度转化为角度后由等腰三角形的知识得到液滴在固体表面的接触角：

$$\beta = 180° - 2\alpha \tag{5.3}$$

此外，还可以得到液滴铺展圆的圆半径 r：

$$r = \frac{1}{2\sin(\pi - 2\alpha)} \tag{5.4}$$

在该次模拟中，收集系统达到平衡后的快照，然后计算水滴在黏土壁面上的接触角。在模拟中，在 y—z 面以 2Å 为单位盒子，将 y—z 面分成很多个小格子，计算每个格子中水分子的平均密度，然后把所有小格子中的密度整合可以得到水滴的等密度剖面图（图 5.20）。

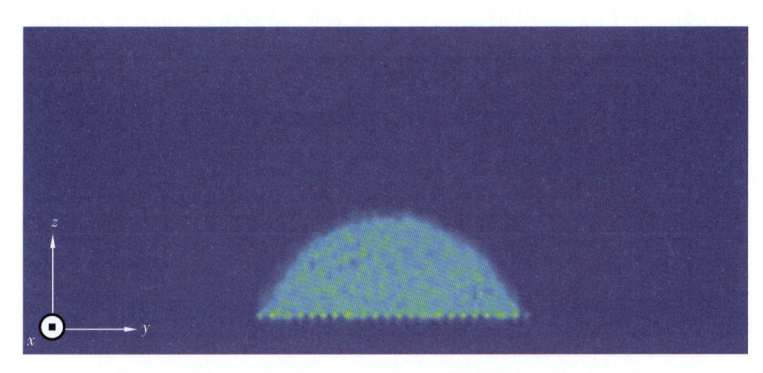

图 5.20 水滴等密度剖面图

然后利用最小二乘法对界面点进行圆拟合调整。水滴的接触角由与壁面相交处的斜率得到（图 5.21）。图中蓝色点即为水滴边界的提取点，蓝色直线代表壁面所在的位置，粉红色曲线为拟合的圆曲线，红色线是水滴与壁面相交处的拟合圆的切线，其与壁面的夹角的有水滴的一侧的角的大小即为水滴在壁面的接触角大小。

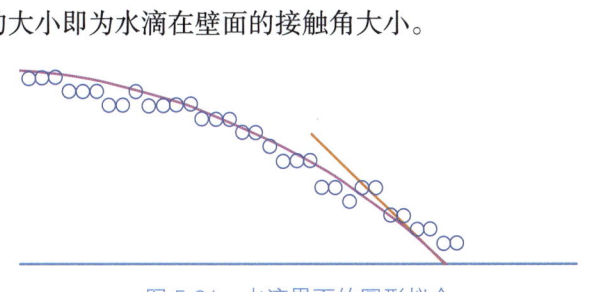

图 5.21 水滴界面的圆形拟合

5.3.3 模型验证

共建立了 4 个不同的壁面，分别为勃姆石、高岭石、氢氧钙石与叶蜡石，分别计算水滴在其上的平衡接触角。

5.3.3.1 勃姆石

新建的勃姆石构型如图 5.22 所示。

图 5.22　勃姆石模拟初始构型

模型壁面的长和高分别沿着 y 轴和 z 轴方向，壁面的长度远大于其宽度，这样模拟的构型可以看成一个准二维模型。模拟结果得到水滴的等密度图如图 5.23 所示，将水滴的边界点提取出来用最小二乘法进行圆曲线拟合（图 5.24）。

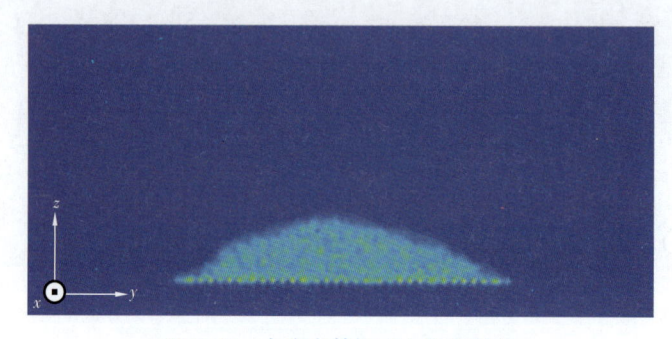

图 5.23　水滴在勃姆石上润湿结果

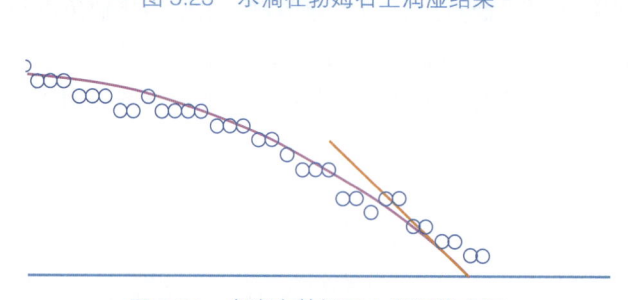

图 5.24　水滴在勃姆石上润湿拟合圆

经过计算拟合圆曲线在水滴与壁面接触的地方的切线，可以得到水滴在勃姆石上润湿的接触角为 43.3°，可知该勃姆石表面为亲水性壁面。

5.3.3.2 高岭石

新建的高岭石构型如图 5.25 所示。

图 5.25　高岭石模拟初始构型

模拟结果得到水滴的等密度图如图 5.26 所示，将水滴的边界点提取出来用最小二乘法进行圆曲线拟合（图 5.27）。

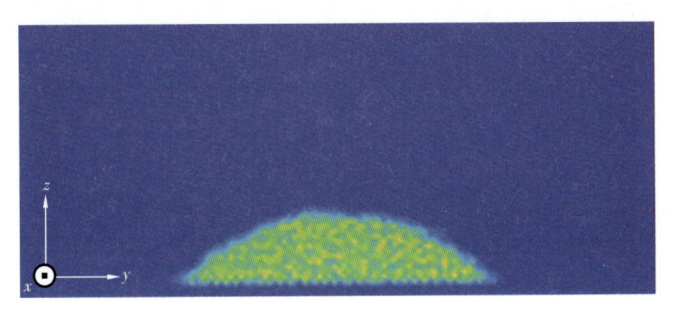

图 5.26　水滴在高岭石上润湿结果

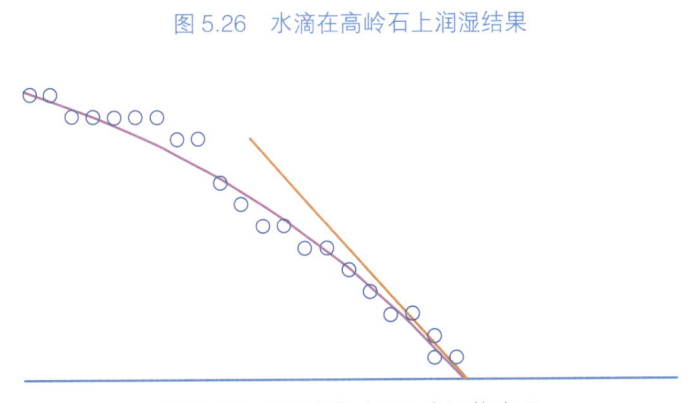

图 5.27　水滴在高岭石上润湿拟合圆

经过计算拟合圆曲线在水滴与壁面接触的地方的切线，可以得到水滴在高岭石上润湿的接触角为 47.9°，可知该高岭石表面为亲水性壁面。

5.3.3.3　氢氧钙石

新建的氢氧钙石构型如图 5.28 所示。

图 5.28　氢氧钙石模拟初始构型

模拟结果得到水滴的等密度图如图 5.29 所示，将水滴的边界点提取出来用最小二乘法进行圆曲线拟合（图 5.30）。

图 5.29　水滴在氢氧钙石上润湿结果

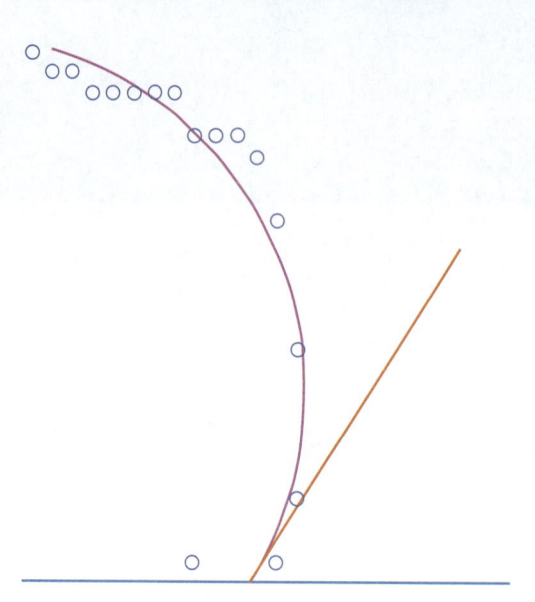

图 5.30　水滴在氢氧钙石上润湿拟合圆

经过计算拟合圆曲线在水滴与壁面接触的地方的切线，可以得到水滴在氢氧钙石上润湿的接触角为 122.4°，可知该氢氧钙石表面为疏水性壁面。

5.3.3.4　叶蜡石

新建的叶蜡石构型如图 5.31 所示。

图 5.31　叶蜡石模拟初始构型

模拟结果得到水滴的等密度图如图 5.32 所示,将水滴的边界点提取出来用最小二乘法进行圆曲线拟合(图 5.33)。

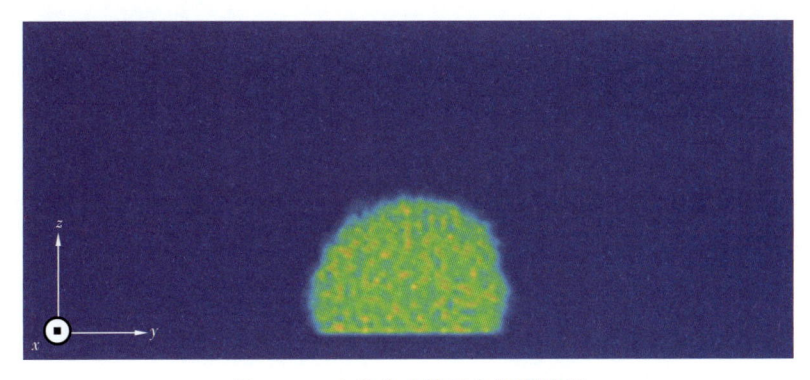

图 5.32 水滴在叶蜡石上润湿结果

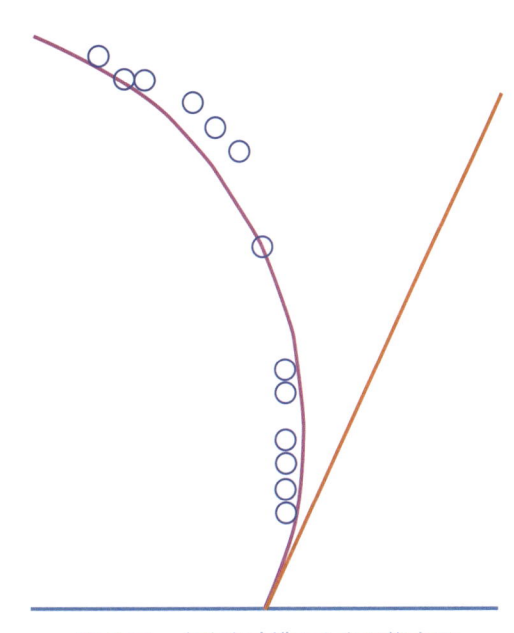

图 5.33 水滴在叶蜡石上润湿拟合圆

经过计算拟合圆曲线在水滴与壁面接触的地方的切线,可以得到水滴在叶蜡石上润湿的接触角为 115.1°,可知该叶蜡石表面为疏水性壁面。

参 考 文 献

[1] Cygan R T, Liang J J, Kalinichev A G. Molecular models of hydroxide, oxyhydroxide, and clay phases and the development of a general force field [J]. The Journal of Physical Chemistry B, 2004, 108(4): 1255-1266.

[2] Espitalie J, Madec M, Tissot B. Role of mineral matrix in kerogen pyrolysis: influence on petroleum generation and migration [J]. AAPG Bulletin, 1980, 64(1): 59-66.

［3］Kelemen S R, Afeworki M, Gorbaty M L, et al. Direct characterization of kerogen by X-ray and solid-state ^{13}C nuclear magnetic resonance methods［J］. Energy & Fuels, 2007, 21（3）: 1548-1561.

［4］Ungerer P, Collell J, Yiannourakou M. Molecular modeling of the volumetric and thermodynamic properties of kerogen: Influence of organic type and maturity［J］. Energy & Fuels, 2015, 29（1）: 91-105.

［5］Collell J, Galliero G, Vermorel R, et al. Transport of multicomponent hydrocarbon mixtures in shale organic matter by molecular simulations［J］. The Journal of Physical Chemistry C, 2015, 119（39）: 22587-22595.

［6］Minssieux L. Core damage from crude asphaltene deposition［C］//International Symposium on Oilfield Chemistry. OnePetro, 1997.

［7］Gruesbeck C, Collins R E. Entrainment and deposition of fine particles in porous media［J］. Society of Petroleum Engineers Journal, 1982, 22（6）: 847-856.

［8］Civan F. A multi-purpose formation damage model［C］//SPE Formation Damage Control Symposium. OnePetro, 1996.

［9］Shaojun W, Civan F. Modeling formation damage by asphaltene deposition during primary oil recovery［J］. Journal of Energy Resources Technology, 2005, 127（4）: 310-317.

［10］Shaojun W, Civan F, Strycker A R. Simulation of paraffin and asphaltene deposition in porous media［C］//SPE international symposium on oilfield chemistry. OnePetro, 1999.

［11］Ali M A, Islam M R. The effect of asphaltene precipitation on carbonate-rock permeability: an experimental and numerical approach［J］. SPE Production & Facilities, 1998, 13（3）: 178-183.

［12］Rogel E. Studies on asphaltene aggregation via computational chemistry［J］. Colloids and Surfaces A: Physicochemical and Engineering Aspects, 1995, 104（1）: 85-93.

［13］Sedghi M, Goual L, Welch W, et al. Effect of asphaltene structure on association and aggregation using molecular dynamics［J］. The Journal of Physical Chemistry B, 2013, 117（18）: 5765-5776.

［14］Xiong Y, Cao T, Chen Q, et al. Adsorption of a polyaromatic compound on silica surfaces from organic solvents studied by molecular dynamics simulation and AFM imaging［J］. The Journal of Physical Chemistry C, 2017, 121（9）: 5020-5028.

［15］Lan T, Zeng H, Tang T. Understanding adsorption of violanthrone-79 as a model asphaltene compound on quartz surface using molecular dynamics simulations［J］. The Journal of Physical Chemistry C, 2018, 122（50）: 28787-28796.

［16］Srivastava R K, Huang S S. Asphaltene deposition during CO_2 flooding: a laboratory assessment［C］//SPE production operations symposium. OnePetro, 1997.

[17] Fang T, Wang M, Li J, et al. Study on the asphaltene precipitation in CO_2 flooding: a perspective from molecular dynamics simulation [J]. Industrial & Engineering Chemistry Research, 2018, 57 (3): 1071-1077.

[18] Kuznicki T, Masliyah J H, Bhattacharjee S. Molecular dynamics study of model molecules resembling asphaltene-like structures in aqueous organic solvent systems [J]. Energy & Fuels, 2008, 22 (4): 2379-2389.

[19] Wang S, Javadpour F, Feng Q. Molecular dynamics simulations of oil transport through inorganic nanopores in shale [J]. Fuel, 2016, 171: 74-86.

[20] Liu F, Wang M. Review of low salinity waterflooding mechanisms: Wettability alteration and its impact on oil recovery [J]. Fuel, 2020, 267: 117112.

[21] McPhee C, Reed J, Zubizarreta I. Electrical property tests [J]. Developments in Petroleum Science, 2015, 64: 347-448.

第 6 章
超临界 CO_2—矿物—孔隙原油相互作用

超临界 CO_2 已逐渐应用于页岩油气开发过程，但浸泡超临界 CO_2 会对页岩的矿物组成及孔隙结构产生不同程度的影响，进而影响页岩的力学性质。笔者通过对松辽盆地页岩进行不同时间的超临界 CO_2 浸泡试验，在此基础上得出了页岩在超临界 CO_2 浸泡下产生的溶蚀效应以及力学特性的变化，并进一步探索了其对提高采收率效果的影响。

6.1 超临界 CO_2 在页岩油开发中的显著优势

随着世界对油气资源的需求量逐渐增加，页岩油作为一种特殊的非常规能源，是常规能源的重要补充，开始受到世界各国的重视[1]。页岩孔隙度、渗透率极低，必须采用水平井和水力压裂技术才能进行页岩油开采，但水力压裂过程中会对储层产生不可逆伤害，同时压裂液注入页岩地层，堵塞孔隙结构，影响了页岩油气的有效开发。因此，为了降低对储层的伤害并提高页岩气开采率，用超临界 CO_2 代替水强化页岩油开发已成为国际研究的前沿。超临界 CO_2 同时具有液体的溶解性好、高密度的优点，以及气体的扩散性强、界面张力低的特点，其性质介于气体和液体之间，拥有超强的传递、流动以及渗透特性[2]。超临界 CO_2 与页岩发生强相互作用，会引起矿物组成、孔隙结构和力学性质的变化，对页岩油气高效开发具有重要影响。

使用超临界 CO_2 进行页岩油开发过程中，注入的 CO_2 分子会通过井筒或裂缝逐渐进入页岩内部孔隙结构，形成 CO_2 储层。在储层内，CO_2 与页岩相互作用，改变页岩的矿物组成、孔隙结构，影响页岩的力学性质等各种性能，进而影响开采页岩油的效果[3]。

前人针对超临界 CO_2 浸泡下页岩各种性能的改变进行了大量的研究，主要侧重于力学性质劣化的研究。然而有关超临界 CO_2 浸泡作用下矿物组成和孔隙结构演化特征及其对力学性质的影响的研究非常有限[4]。基于此，笔者选用松辽盆地页岩开展超临界 CO_2 浸泡实验，研究在超临界 CO_2 浸泡作用下，页岩矿物组成的改变及孔隙结构的演化与力学性质改变的相关关系，并通过物理模拟实验，探索了 CO_2 对提高采收率的作用效果。

6.2 CO$_2$与页岩微观相互作用分析

6.2.1 实验样品及方法

储层条件下CO$_2$与地层流体反应形成碳酸，在复杂的物理化学反应作用下改变页岩基质内部原始孔隙结构与裂缝形貌特性，从而影响页岩力学特性。为了探索CO$_2$对页岩力学性质影响，本节选用松辽盆地页岩进行实验，该页岩呈黑色，形成于白垩系，埋深介于2000～3000m，层理走向清晰，属于沉积岩的一种，孔隙度介于4.6%～5.3%，渗透率介于0.003～0.006mD，超低孔隙度、低渗透率、胶结性差，非均质性强。实验所用页岩样品如图6.1所示。

图6.1 实验所用页岩样品

矿物组成分析试验主要采用XRD和SEM结合的方式。XRD试验采用的X衍射仪为日本岛津XRD-7000，扫描角度为10°～80°，测角精度为0.001°，采用连续扫描方式，每步角度为0.02°，用以获得不同浸泡时间下页岩内部矿物组成及其含量；SEM试验采用日本的JEOL JSM-7800F型场发射扫描电镜，该仪器最小点分辨率为3nm，放大倍数为4～100000倍，用以获得不同浸泡时间下页岩表面微观形貌。

CT扫描采用Siemens Somaton Plus型医用螺旋X射线CT扫描仪，空间分辨率为0.35mm×0.35mm，可识别最小体积为0.12mm^3，密度对比分辨率为0.3%。试验时，将岩心固定在CT扫描床上，对岩心进行CT扫描，得到岩心不同截面上的CT分布后，将不同截面裂隙分布进行三维重构，得到岩心三维裂隙分布。

SEM扫描所用仪器为Thermo Scientific Apreo高性能场发射扫描电镜，仪器配备EDS能谱探测器，在1kV加速电压下分辨率可达1nm，该次实验中扫描电压设定为10kV，扫描电流设定为1.6nA，工作距离为10mm。对切割好的页岩样品依次进行机械抛光与氩离子抛光处理，随后在样品表面镀碳以消除电荷对成像效果影响，将处理好的样品置于样品舱内，分析页岩表面微观形貌在CO$_2$浸泡过程中的变化。

氮气吸附实验采用装置为BELSORP-maxⅡ气体吸附仪，该吸附仪由日本麦奇克拜尔有限公司生产，相对测量范围为0.004～0.995，孔径测量范围为0.35～500nm，比表面积最低可测至0.0005m^2/g，孔体积最小检测至0.0001cm^3/g，依据静态容量法测量，能够测定不同平衡压力下页岩的氮气吸附量，进而绘制出氮气吸附曲线。

6.2.2 CO$_2$作用对页岩矿物组成影响分析

X射线衍射全岩分析结果见表6.1，图6.2为根据表6.1所绘制的浸泡前后页岩矿物组成对比图。从测试结果可以看出，未浸泡的页岩样品石英含量为30.8%，长石含量为

10.1%，碳酸盐含量为 31.3%，黏土矿物含量为 24.1%，黄铁矿含量为 1.2%，菱铁矿含量为 2.5%。相比于未浸泡的页岩，随着浸泡时间加长，浸泡后的页岩矿物成分呈现不同程度的变化，除石英含量在浸泡后有所增大外，其余矿物成分含量均随浸泡时间增长逐步降低，其中碳酸盐含量的降低尤为明显。这表明，浸泡过程中超临界 CO_2 与页岩发生了一定程度的溶蚀作用。而石英与 CO_2 基本不反应，可认为浸泡后页岩中石英含量的升高是由于页岩与超临界 CO_2 反应后总质量减少所致，浸泡后石英含量越高，说明其他成分与超临界 CO_2 反应消耗的程度越大。

表 6.1 XRD 测试结果

浸泡时间 d	矿物质含量，%					
	石英	长石	碳酸盐	黏土矿物	黄铁矿	菱铁矿
0	30.8	10.1	31.3	24.1	1.2	2.5
3	36.6	8.6	28.3	23.4	1	2.1
7	37.9	8.3	27.8	23.1	0.9	2
14	38.7	8.1	27.5	23	0.8	1.9

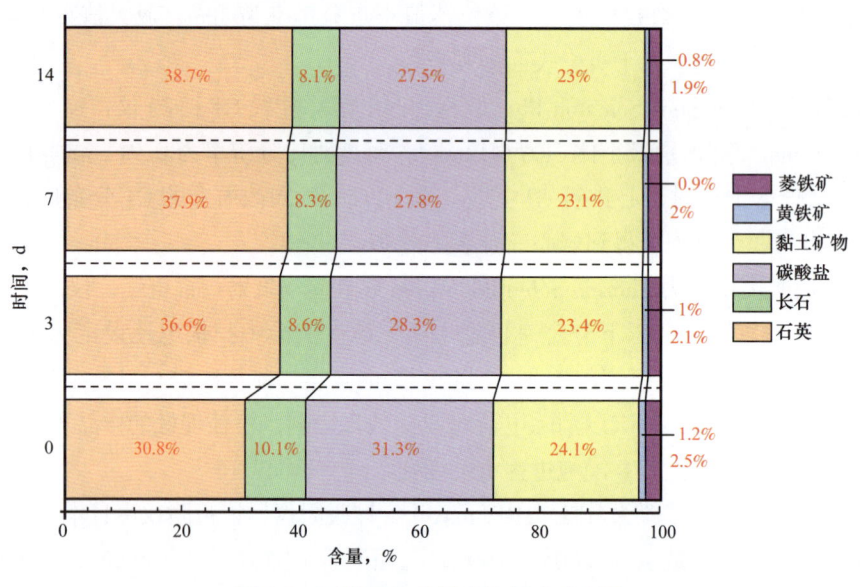

图 6.2 页岩浸泡前后矿物组成对比图

6.2.3 CO_2 作用对页岩微观孔隙结构演化可视化分析

图 6.3 为浸泡 CO_2 后页岩微裂隙发育对比图。实验通过微米 CT 扫描开展研究，探究随着浸泡 CO_2 时间的增加，页岩裂缝的发育程度。为减少实验误差，在每次扫描岩心时，均控制在扫描同一位置，同时使用的放大倍数前后实验一致。可见，随着 CO_2 作用时间延长，

页岩内裂缝逐渐扩展延伸，且纵向裂缝和横向裂缝有交叉的趋势，显著增加了裂缝复杂程度。自然状态下，页岩样品中原始裂缝宽度较窄，长度较短，相互之间未发生连通。CO_2 作用后，页岩中裂缝形态发生明显变化，页岩中裂缝网络复杂程度增加。

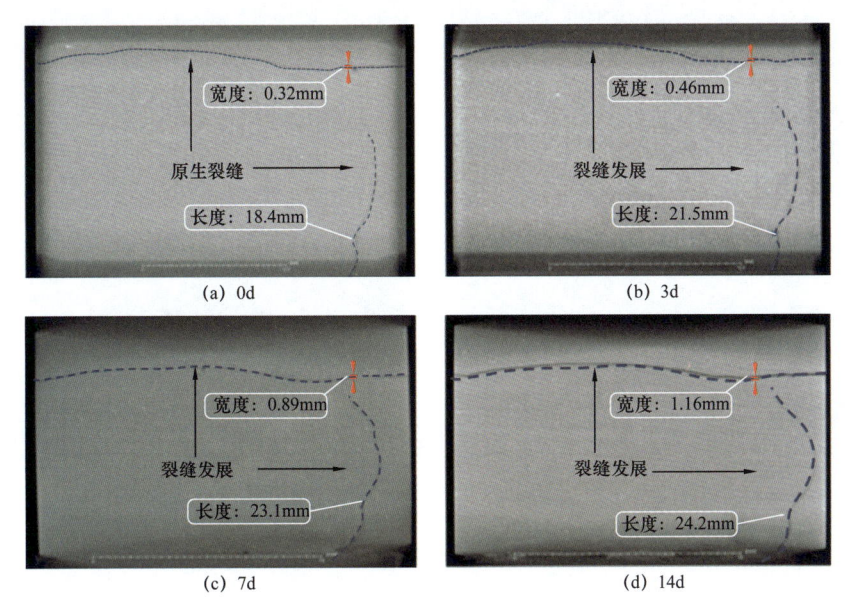

图 6.3 浸泡 CO_2 后页岩微裂隙发育对比图

岩石在浸泡 CO_2 之前存在微裂缝，在浸泡 CO_2 之后，通过对比不同时间的裂缝扩展规律发现，纵向和横向裂缝有相交趋势，这说明 CO_2 与页岩间的相互作用使得页岩内部原有的裂缝逐渐延伸，裂缝宽度与深度逐渐增加，从而显著增加裂缝渗流能力。随着处理时间的延长，原生裂缝进一步延伸，裂缝复杂程度大幅增加，裂缝间连通程度提升，增加天然裂缝数量与复杂度，能够沟通更多储层，有效提高储层渗流能力，从而提高原油采收率。

由于微米 CT 分辨率最高仅为 0.7μm，无法表征分析页岩内部纳米级孔隙结构变化，因此为研究 CO_2 作用对青山组页岩微观形貌影响，对浸泡前后的页岩试件进行扫描电镜试验，通过电镜扫描图片观察微孔隙、微裂隙的分布。图 6.4 显示了通过电镜扫描得出的不同浸泡时间下的页岩表面形貌。从图中可以看出，未浸泡的样品表面较为光滑，但也存在少量的原生孔隙及原生裂隙；浸泡 3d 时，由于超临界 CO_2 的溶蚀作用，页岩的矿物成分开始与超临界 CO_2 发生溶蚀反应，表面开始出现蜂窝状的新生孔隙，原生孔隙与原生裂隙也得到了一定的发展；浸泡 7d 时，页岩中的黏土矿物颗粒开始脱离结合水，颗粒变小，超临界 CO_2 从页岩内部萃取了更多的有机质等矿物溶质，新生孔隙明显增多，页岩表面已经变得十分粗糙，原生孔隙与原生裂隙进一步发展，浸泡 3d 时产生的新孔隙也有着不同程度的发展；浸泡 14d 时，页岩表面已经出现了显著变化，孔隙变得更多，裂隙宽度也进一步扩大，出现了更多更明显的蜂窝状孔隙，这些孔隙能够成为页岩气较好的储集空间[5]。

(a) 浸泡0d

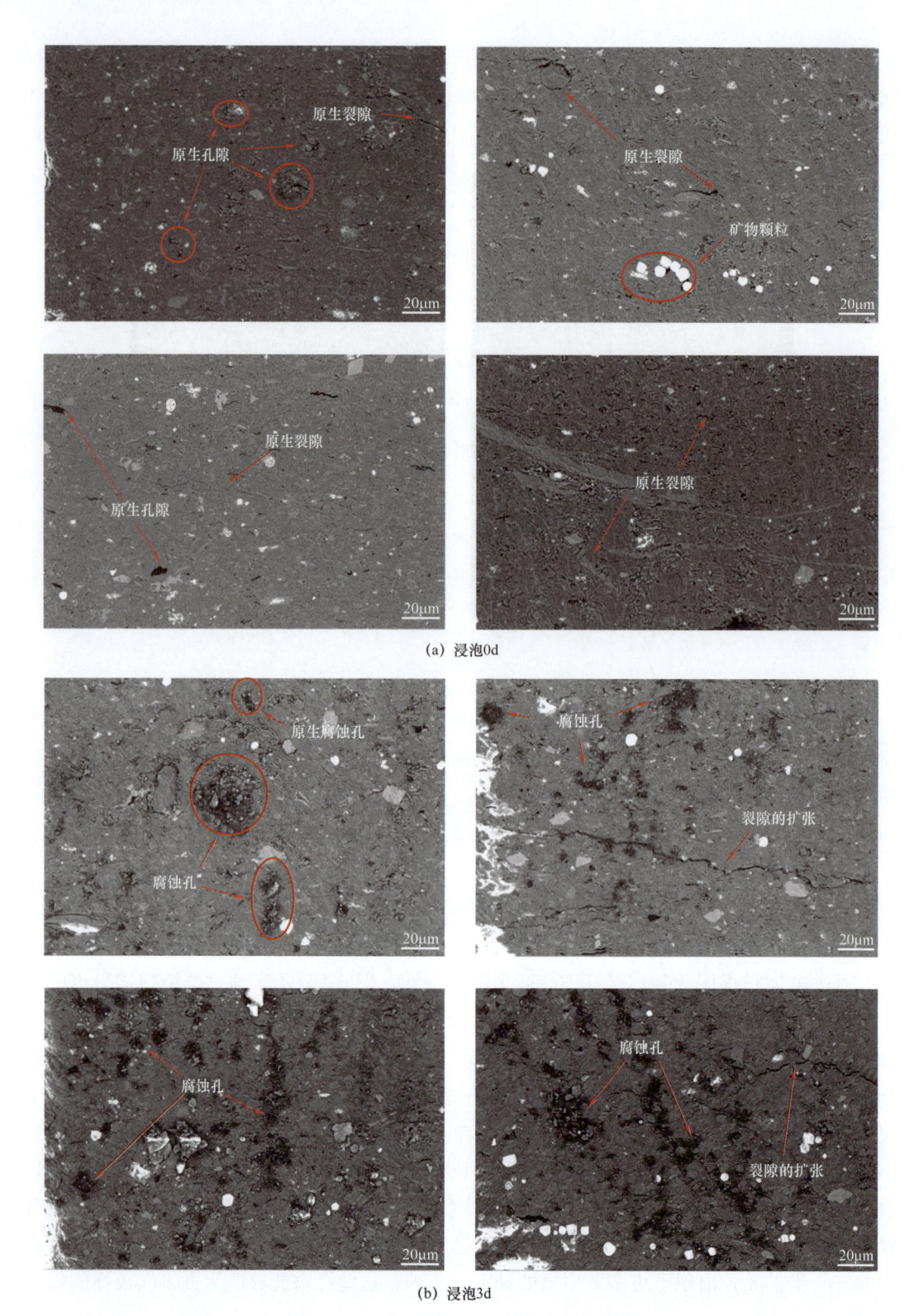

(b) 浸泡3d

图 6.4　不同浸泡时间页岩微观形貌分析图

(c) 浸泡7d

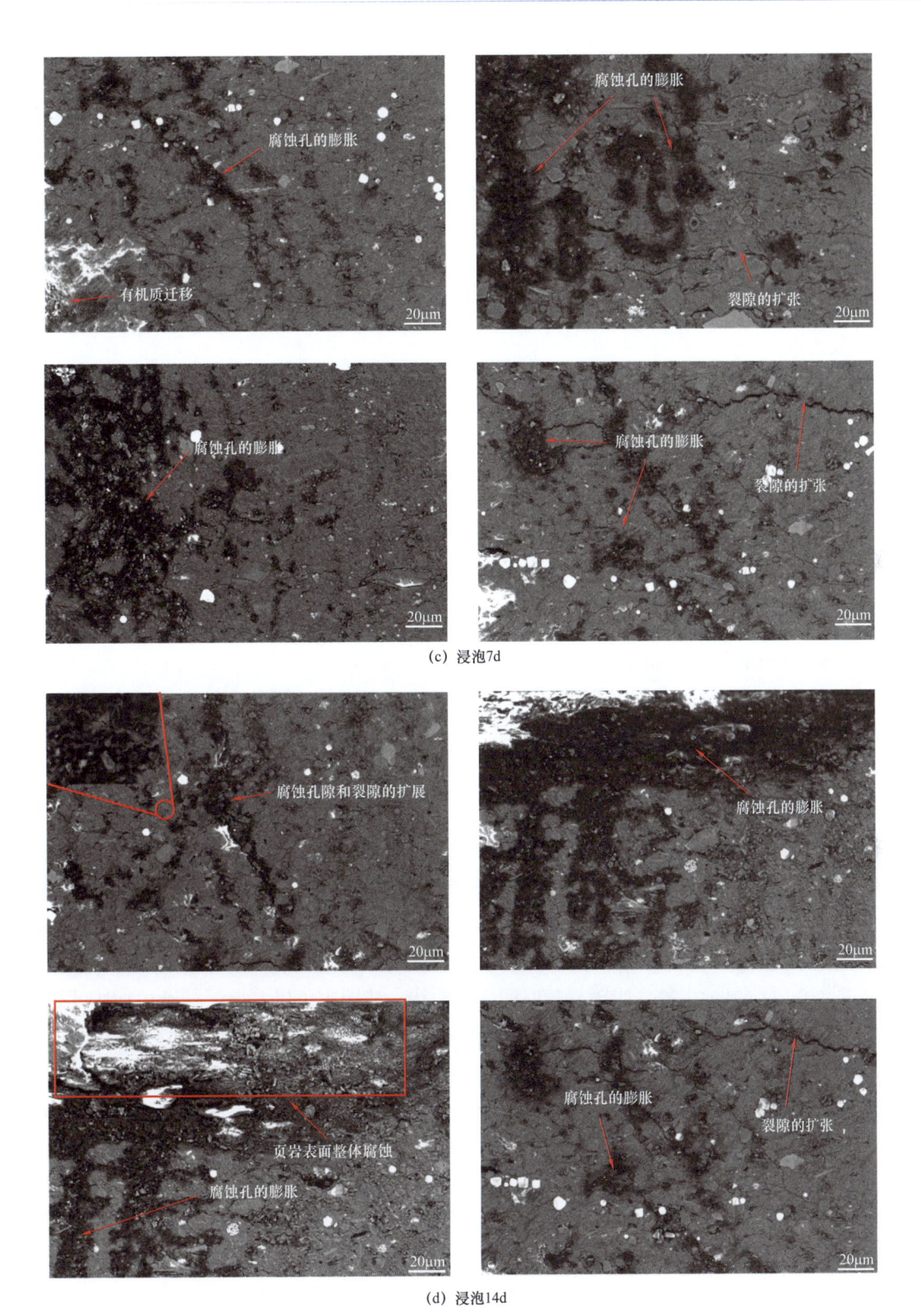

(d) 浸泡14d

图 6.4　不同浸泡时间页岩微观形貌分析图（续）

6.2.4 CO$_2$作用对页岩微观孔隙结构演化定量化分析

CT扫描分析与SEM分析仅能提供页岩演化过程中的定性分析结果，为了定量化评价CO$_2$处理过程中页岩孔隙结构演化规律，通过氮气吸附实验对CO$_2$浸泡过程中的页岩样品进行取样分析。实验是在BELSORP-max Ⅱ气体吸附仪上进行的，实验过程选用100～200目的页岩颗粒，称取0.5～1.0g，选用纯度大于99.99%的氮气开展氮气吸附解析实验，实验过程中，页岩样品置于温度为77.4K的液氮环境中。依据Langmuir等温吸附模型测量不同相对压力下的氮气吸附解吸情况，获得氮气吸附量、比表面积、孔隙结构分布等数据，计算公式如下：

$$n_{\text{ad-dry}} = 2A_{\text{slit}} K \frac{p}{p+p_\text{L}} u \tag{6.1}$$

式中 $n_{\text{ad-dry}}$——氮气在干燥黏土表面的吸附量，mmol/g；

$2A_{\text{slit}}$——孔隙比表面积，m^2/g；

K——单位面积最大吸附量，mmol/m^2；

u——单位面积吸附常数；

p_L——兰氏压力，MPa；

p——气相压力，MPa。

在整个实验过程中，解吸曲线始终在吸附曲线之上，有明显的吸附迟滞现象，在相对压力为0.63时最为显著（图6.5）。根据国际纯粹与应用化学联合学会关于气体吸附类型的标准分类[6]，该页岩吸附类型满足Ⅳ型氮气吸附，当相对压力小于0.78时，吸附量增加了42%，吸附曲线上升缓慢，多发生单层和多层氮气分子吸附；当相对压力大于0.78时，吸附量增加了48%，吸附曲线迅速上升，氮气吸附量明显增加，且氮气分子达到饱和时，吸附量仍有上升趋势，该过程发生氮气分子的毛细凝聚现象[图6.5（a）]；根据页岩满足Ⅳ型吸附曲线类型以及吸附迟滞与毛细凝聚现象判断出，该页岩含有大量的介孔（2～50nm）。

图6.5（b）显示了氮气吸附量随时间变化曲线。从图中可以看出，浸泡CO$_2$时间不一样，吸附量有明显差别。具体来说，随着浸泡时间的增加，氮气吸附量逐渐增加，0～3d增加30.79%，3～7d增加12.41%，7～14d增加4.51%，氮气吸附增加量逐渐趋于平缓，这说明在前期浸泡的时候CO$_2$对岩石的孔隙的侵蚀和产生孔隙的能力是最明显的，随着时间的增加,3～7d还会有新的裂缝或者孔隙侵蚀，但侵蚀和生成裂缝的速度要比0～3d慢,7～14d吸附量变化很小，这说明过程腐蚀和生成孔隙的能力逐渐趋缓[7]。这种现象体现在氮气吸附量和比表面积上是量的增加，体现在孔隙结构上是孔隙面积分布更大，说明孔隙发育程度越高，形成复杂孔隙网络的能力增强。

图6.6显示了页岩浸泡CO$_2$不同时间的孔隙结构变化情况。从图中可以看出情况。随着浸泡时间的增加，页岩孔隙结构的体积也在增加，这说明在超临界CO$_2$作用下，页岩的

孔隙结构受到侵蚀作用。CO_2的单独存在很难在短时间内对页岩孔隙结构造成影响，但页岩即使在烘干条件下，其孔隙结构内仍然赋存有水分子，尤其是在微孔和介孔中含有结合水和少量的自由水，高浓度CO_2会与水分子及其他物质发生化学反应，形成碳酸盐或者碳酸氢盐，腐蚀页岩的骨架结构。

(a) 氮气吸附量随相对压力变化曲线

(b) 氮气吸附量随时间变化曲线

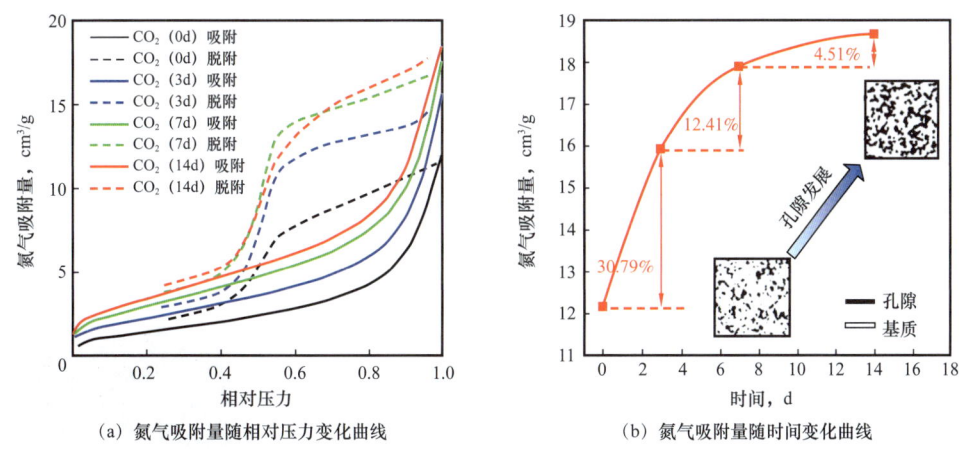

图6.5 氮气吸附曲线

从图6.6（b）中可以看出，随着浸泡时间的增加，中孔孔隙体积增加明显，这与部分微孔在受到CO_2腐蚀作用后孔径增加转化为介孔有关。此外，CO_2分子直径为0.33nm，极易进入微孔，微孔中由于水分子与黏土矿物之间氢键和范德华力等分子作用力发挥作用更加明显，因此水分子多以结合水的形式存在，微孔受到超临界CO_2的侵蚀作用相当明显；大孔中的孔隙体积几乎无变化，这与大孔中形成的碳酸盐或碳酸氢盐较少有关。

(a) 不同时间孔隙体积分布图

(b) 孔隙体积随时间变化直方图

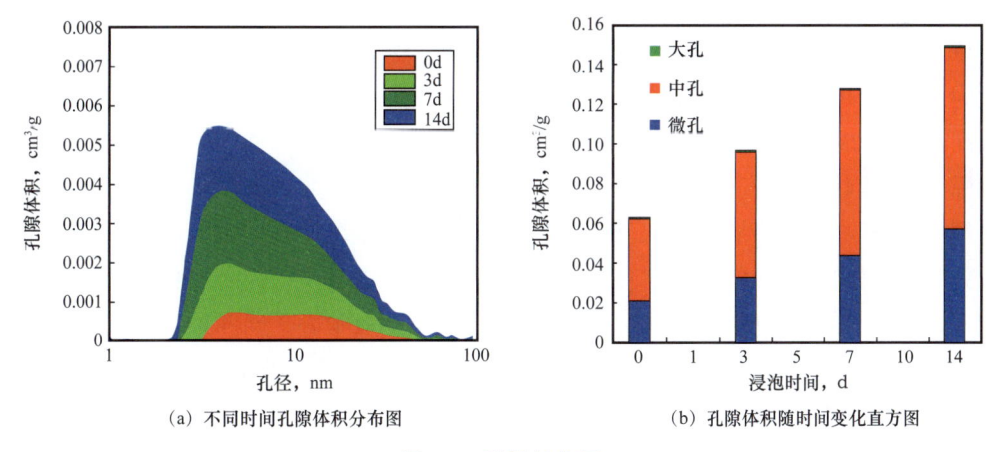

图6.6 孔隙结构图

6.3　CO_2 对页岩力学性质影响分析

6.3.1　实验样品及方法

为了探索 CO_2 对页岩力学性质影响，选用松辽盆地页岩进行实验，为避免各岩层各向异性对实验结果的干扰，选取同一区块同一地层的岩心，然后在打磨机上将页岩试样两端磨平，保证两端光滑、平行且与中轴垂直。将岩心加工成 $\phi 50\text{mm} \times 25\text{mm}$ 和 $\phi 50\text{mm} \times 100\text{mm}$ 两种规格的标准圆柱试样，对于需要进行纳米压痕测试的页岩，在浸泡超临界 CO_2 之前进行抛光，样品如图 6.7 所示。

(a) 单轴压缩岩样 　　(b) 巴西劈裂岩样 　　(c) 纳米压痕岩样

图 6.7　超临界 CO_2 浸泡实验所用样品

页岩的抗拉强度是指在单向拉伸应力作用下导致页岩发生黏聚性破坏的极限应力。相较于其他实验方法，劈裂法能够较准确、方便、高效地获取样品的抗拉强度，实验操作相对简单，测得的抗拉强度最接近直接拉伸法。因此，采用劈裂法测试页岩抗拉强度，实验装置为 RTR-1500 型综合测试系统，该设备可加载的轴向压力最高可达 1500kN，围压与孔压最高可达 140MPa。分析过程中典型的实验流程如下：（1）通过线切割在大尺寸页岩块样的目标区域切割加工出直径为 25mm、高度为 25mm 的岩心柱样，并使用砂纸打磨保证岩心柱样端面平整、外表光洁、无明显破损，满足岩石实验规范标准；（2）在岩心柱样端面沿轴线方向画两条加载基线，随后将岩心柱样放置于劈裂夹具中，并沿加载基线在垫板上固定两根钢丝作为垫条，随后将劈裂夹具置于实验机承压板中心，确保页岩样品中心线与设备中心线位于一条直线；（3）启动设备以 0.3kN/s 的加载速率匀速加载直至岩心柱样破坏，根据实验数据计算获得页岩抗拉强度。

页岩的单轴抗压强度是指页岩柱样在单向受压条件下加载压力直至被破坏时，单位面积上所能承受的荷载。通过 RTR-1500 型综合测试系统分析页岩样品单轴抗压强度，分析过程中典型的实验流程如下：（1）通过线切割在大尺寸页岩块样的目标区域加工出直径为 25mm、高度为 50mm 的岩心柱样，并使用砂纸打磨保证岩心柱样端面平整、外表光洁、无明显破损，满足岩石实验规范标准；（2）将试样放置在实验设备的承压板中心，确保页岩样品中心线与设备中心线位于一条直线，且均匀受力；（3）启动设备匀速加载直至岩心柱样破坏，根据实验数据计算获得页岩单轴抗压强度、弹性模量及泊松比。

页岩非均质性极强，在微观尺度上具有微观结构和矿物组成复杂的特征，孔隙结构、矿物组成、矿物颗粒尺寸与形态等的差异对页岩宏观力学特性造成显著影响。为进一步明确 CO_2 对页岩微观力学性质影响，进行页岩纳米压痕测试分析。实验所用仪器为 UMT-1 纳米力学测试装置，实验过程中压痕网格规格设定为 5×5，压痕点间距设定为 50μm，在准静态模式下进行页岩纳米力学分析。分析过程中典型的实验流程如下：（1）从目标区域切割加工出边长约为 1cm 的页岩块样，将样品固定在样品拖上，依次进行机械抛光与氩离子抛光处理，确保样品表面平整；（2）对抛光后的页岩样品进行镀碳处理，增加样品表面的导电性，消除荷电积聚现象影响，处理过程中保证样品表面干净无污染；（3）将处理好的样品装载到实验台上，完成参数设定后开始纳米压痕力学分析，测试结束后在距第一个压痕点 100μm 处压出一个深压痕进行定位；（4）通过 SEM 分析压痕位置及其微观形貌特征；（5）将样品置于干净的中间容器中进行二氧化碳浸泡处理，处理后再次进行纳米压痕力学分析。

浸泡实验采用的装置如图 6.8 所示，其中 CO_2 增压系统是自主研发设计的一套实验装置，其核心是通过加热加压的方式将 CO_2 转化为超临界状态。整套实验装置能模拟在一定的压力条件下将 CO_2 注入岩石内部后，岩石内部微观孔隙结构及力学性质的变化。

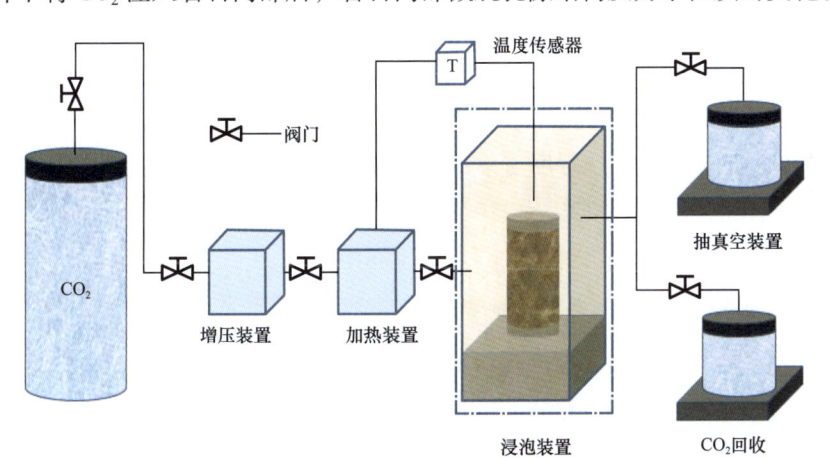

图 6.8　浸泡实验装置模型图

6.3.2　CO_2 作用下页岩宏观力学特征响应规律

由于岩石试样之间存在差异性，相同条件下的实验数据以及参数之间的关系会受到这种离散性的影响，因此选取 6 组试样进行重复实验，以 6 组实验的力学参数平均值来进行力学特性分析。图 6.9 显示了巴西劈裂实验和单轴抗压实验后各试样的破裂照片。

(a) 巴西劈裂实验 (b) 单轴抗压实验

图 6.9　巴西劈裂实验和单轴抗压实验后各试样的破裂照片

图 6.10 显示了超临界 CO_2 不同浸泡时间下页岩的峰值强度对比情况。从图中可以看出，未浸泡页岩的抗拉强度平均值为 5.33MPa，经过 3d、7d、14d 的超临界 CO_2 浸泡后页岩的抗拉强度平均值分别为 4.89MPa、4.69MPa、4.34MPa，在 3 个浸泡时间等级下，抗拉强度的损失率分别为 8.25%、12%、18.57%；未浸泡页岩的单轴抗压强度平均值为 61.71MPa，经过 3d、7d、14d 的超临界 CO_2 浸泡后，页岩的单轴抗压强度平均值分别为 51.01MPa、47.02MPa、42.99MPa，在 3 个浸泡时间等级下，单轴抗压强度的损失率分别为 17.34%、23.8%、30.34%。进一步将抗拉强度与单轴抗压强度进行拟合，得到抗拉强度与单轴抗压强度随浸泡时间变化的函数拟合曲线：

$$\sigma_{bt} = 5.35978 \times (t+1)^{-0.07158} \quad R^2 = 0.9555 \quad (6.2)$$

$$\sigma_1 = 61.76847 \times (t+1.00849)^{-0.13342} \quad R^2 = 0.9987 \quad (6.3)$$

式中　σ_{bt}——抗拉强度，MPa；

　　　σ_1——单轴抗压强度，MPa；

　　　t——超临界 CO_2 的浸泡时间，d。

结果表明，超临界 CO_2 浸泡在一定程度上劣化了页岩的强度，浸泡后页岩的抗拉强度与单轴抗压强度明显低于未浸泡页岩，且随着浸泡时间的增加，峰值强度逐步减小，同时减小的速率有所减缓。

图 6.11 显示了超临界 CO_2 不同浸泡时间下页岩的弹性模量与泊松比对比情况。从图中可以看出，未浸泡页岩的弹性模量平均值为 7.53GPa，经过 3d、7d、14d 的超临界 CO_2 浸

泡后，页岩的弹性模量平均值分别为 5.51GPa、4.33GPa、3.95GPa，在 3 个浸泡时间等级下，弹性模量的损失率分别为 26.82%、42.49%、47.54%。未浸泡页岩的泊松比平均值为 0.119，经过 3d、7d、14d 的超临界 CO_2 浸泡后，页岩的泊松比平均值分别为 0.152、0.161、0.160。在 3 个浸泡时间等级下，泊松比的增长率分别为 27.73%、35.29%、34.45%。进一步将弹性模量与泊松比进行拟合，得到弹性模量与泊松比随浸泡时间变化的函数拟合曲线：

$$E = 7.9838(t+1.2457)^{-0.26498} \quad R^2 = 0.9892 \quad (6.4)$$

$$\mu = -0.02052e^{-\frac{t}{1.86472}} - 0.02052e^{\frac{t}{2.27911}} + 0.16005 \quad R^2 = 0.9946 \quad (6.5)$$

式中　E——弹性模量，GPa；

　　　μ——泊松比；

　　　t——超临界 CO_2 的浸泡时间，d。

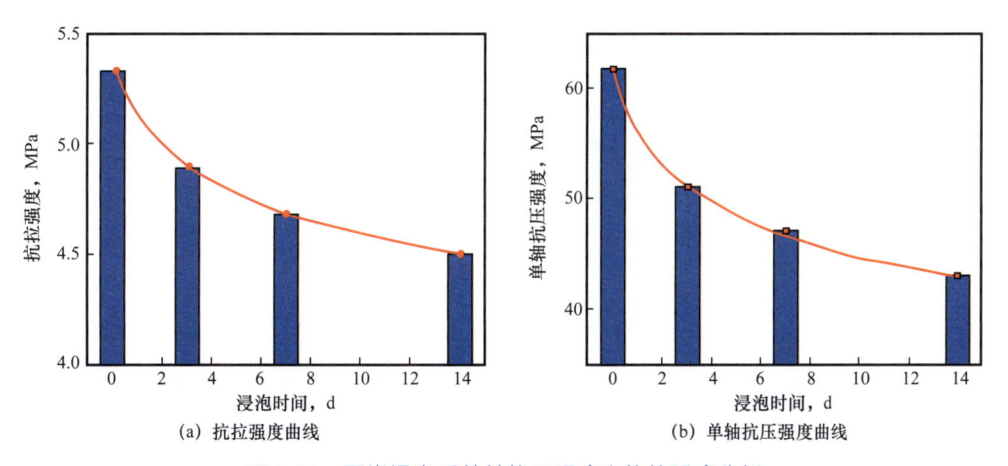

(a) 抗拉强度曲线

(b) 单轴抗压强度曲线

图 6.10　页岩浸泡后单轴抗压强度和抗拉强度分析

(a) 弹性模量随浸泡时间变化曲线

(b) 泊松比随浸泡时间变化曲线

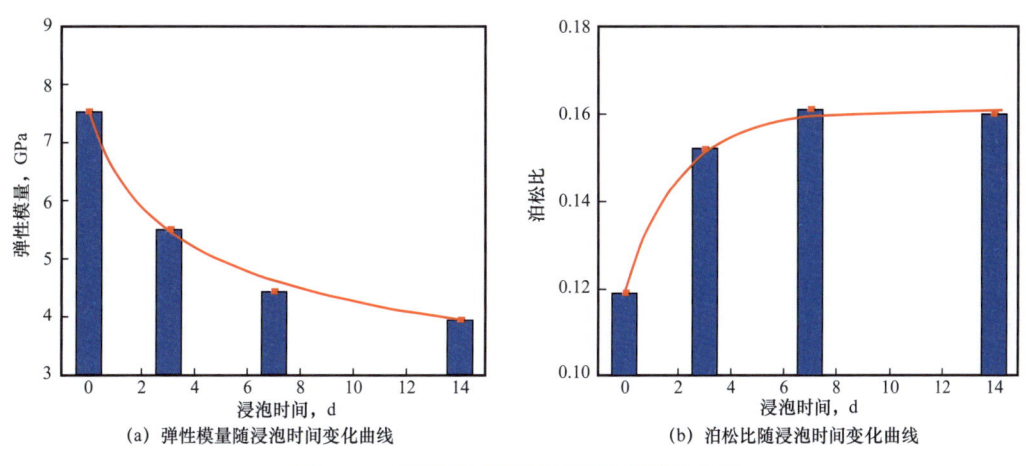

图 6.11　页岩浸泡后弹性模量和泊松比分析

结果表明，超临界 CO_2 浸泡后，页岩弹性模量明显减小，泊松比明显增大，分析原因可能是因为超临界 CO_2 的浸泡使得页岩的天然裂缝和层理发生了扩展，且页岩基质发生了膨胀。

6.3.3　CO_2 作用下页岩微观力学特征响应规律

1992年，Oliver 与 Pharr 通过压痕实验测试获得了铝、钨、石英、蓝宝石等多种材料的位移—载荷曲线，并通过分析给出了材料硬度与弹性模量的计算方法，奠定了纳米压痕在微观力学性质表征中的应用基础。根据纳米压痕实验中测得的压头位移与载荷数据可以绘制加载—卸载中的位移—载荷曲线（图6.12）。

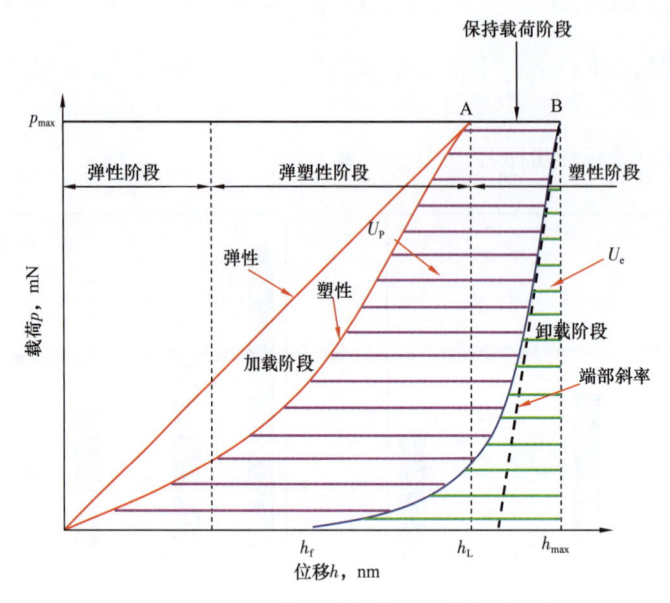

图6.12　纳米压痕加载—卸载曲线示意图

根据 Oliver 与 Pharr 给出的相关公式，可以从位移—载荷曲线中计算得到样品在压痕位置处的硬度和弹性模量，分析过程中计算公式如下：

$$E_r = \frac{\sqrt{\pi} S}{2\beta \sqrt{A_c}} \quad (6.6)$$

$$\frac{1}{E_r} = \frac{1-\nu_i^2}{E_i} + \frac{1-\nu^2}{E_{IT}} \quad (6.7)$$

$$H_{IT} = \frac{F_m}{A_{cmax}} \quad (6.8)$$

式中　E_r——折算弹性模量，Pa；

β——与压头几何形状有关的常数,取 1.034;

S——接触刚度,N/m;

A_c——压头与样品间的接触面积,m²;

v_i——Berkovich 压头泊松比,取 0.07;

E_i——Berkovich 压头弹性模量,取 1114 GPa;

v——试样泊松比,取 0.25;

E_{IT}——样品弹性模量,Pa;

H_{IT}——样品硬度,Pa;

F_m——最大压入载荷,N;

A_{cmax}——压头与样品间的最大接触面积,m²。

压痕点阵与单个压痕的 SEM 分析结果如图 6.13 和图 6.14 所示。从图中可以看出,页岩表面不同位置的压痕深度和形状存在显著差别。由于页岩具有很强的非均质性,当压痕位置处存在硬度较高的石英、碳酸盐岩矿物颗粒,而压痕下为硬度较低的黏土矿物时,可

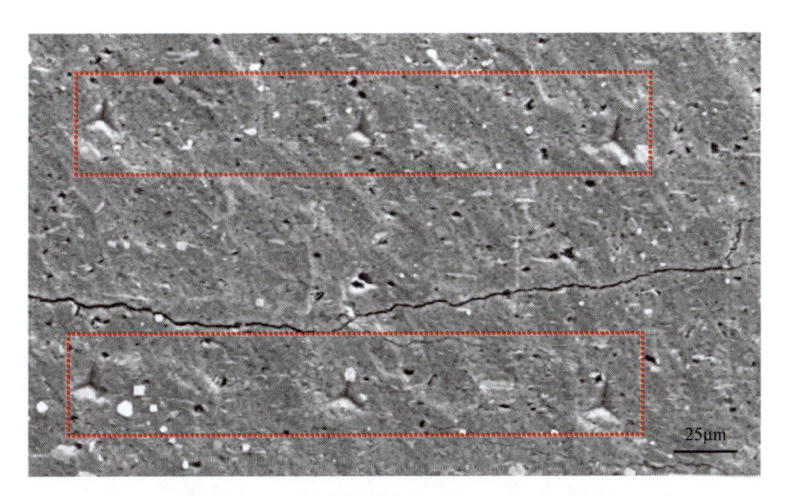

图 6.13 页岩点阵纳米压痕 SEM 分析结果

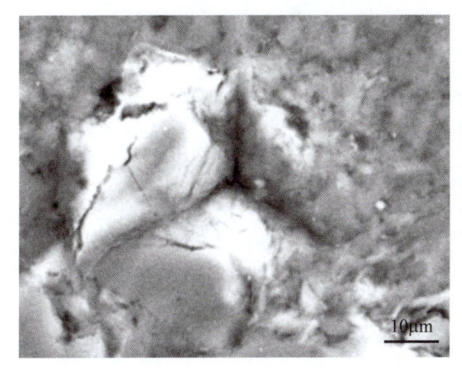

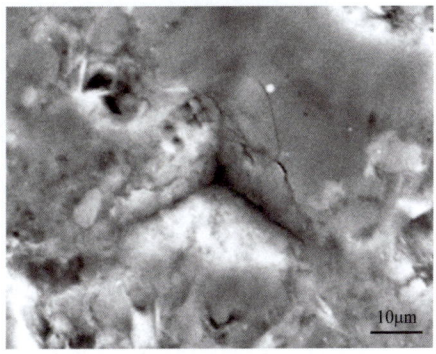

图 6.14 页岩单个纳米压痕 SEM 分析结果

能出现黏土堆积现象；当压痕位置处存在脆性较强的石英、长石矿物颗粒时，随着载荷的增加达到屈服强度后，导致矿物颗粒发生破裂，在样品表面产生微裂缝，从而导致加载突进现象；当压痕位置处存在孔隙或微裂缝时，加载过程中受微观缺陷影响，微孔隙与裂缝发生扩展延伸，从而导致加载突进现象（图6.15）。

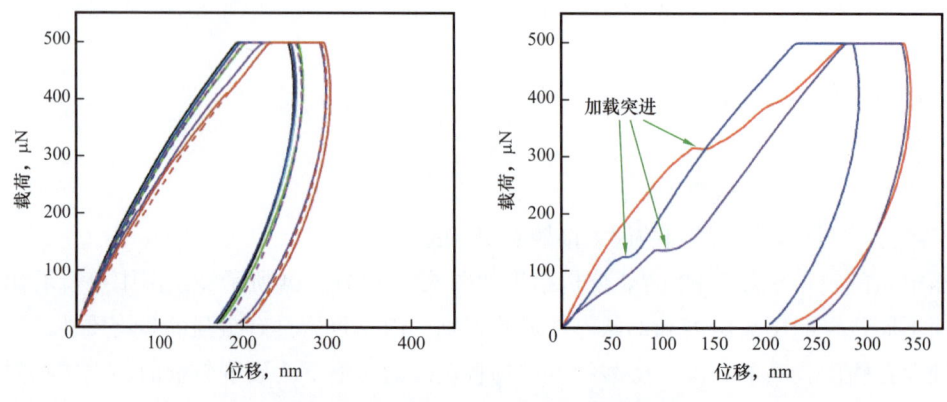

图 6.15　页岩纳米压痕位移—载荷曲线

CO_2 处理后页岩压痕 SEM 分析结果如图 6.16 所示。从图中可以看出，相较于初始状态，CO_2 处理后页岩压痕形貌发生明显变化。由于 CO_2 与水反应生成碳酸，溶蚀页岩内部的长石、碳酸盐岩等矿物，生成大量溶蚀孔、溶蚀缝，大量压痕位置位于溶蚀孔或溶蚀缝上，压痕形貌受到显著影响。

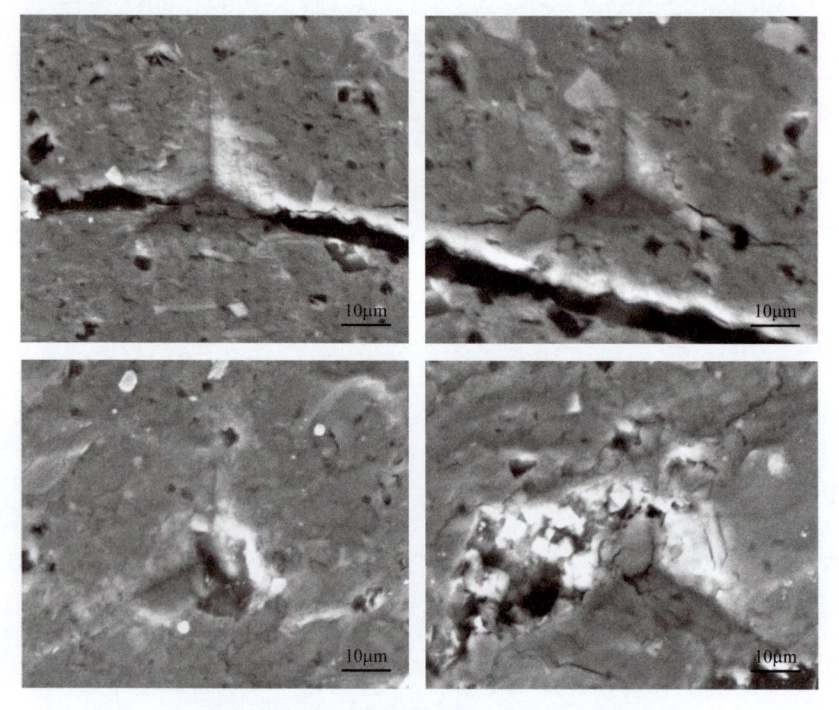

图 6.16　CO_2 处理后页岩纳米压痕 SEM 分析结果

通过 Oliver–Pharr 公式计算页岩样品 CO_2 处理前后弹性模量与硬度差异,结果如图 6.17 所示。从图中可以看出,CO_2 处理对页岩微观力学性质存在显著影响。自然状态下,页岩弹性模量为 36.9 GPa,CO_2 处理后弹性模量降低为 27.8 GPa,弹性模量损失率约为 24.6%。自然状态下,页岩硬度为 0.707 GPa,CO_2 处理后硬度降低为 0.514 GPa,硬度损失率约为 27.3%。CO_2 作用后页岩微观力学性质出现大幅下降,从而使得页岩宏观力学性质显著降低。

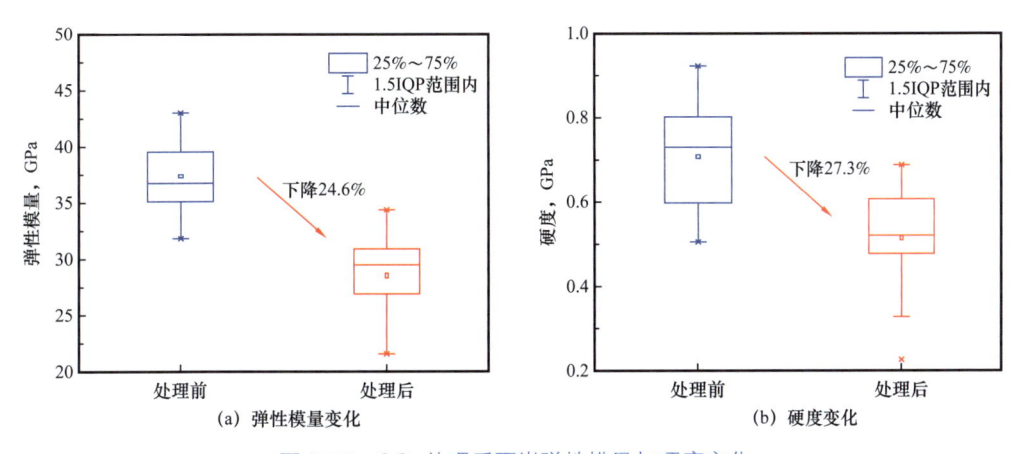

图 6.17 CO_2 处理后页岩弹性模量与硬度变化

6.4 CO_2 浸泡下页岩岩石力学响应机制与裂缝扩展特征

6.4.1 CO_2 处理下页岩矿物组成演化对力学性质的影响

松辽盆地页岩矿物组成主要包括石英、钾长石、斜长石、方解石、白云石、黄铁矿、菱铁矿和黏土矿物[8]。由 XRD 结果显示,在超临界 CO_2 的浸泡下,除石英以外,其他矿物含量均有所下降,而石英与 CO_2 基本不发生反应,因此石英含量的升高可以看作其他矿物含量降低所造成的总质量的降低。超临界 CO_2 浸泡页岩的过程中,与长石、方解石等发生的化学反应具体如下:

$$CO_2 + H_2O \rightleftharpoons H_2CO_3$$

$$H_2CO_3 \rightleftharpoons H^+ + HCO_3^-$$

$$CaCO_3 + H^+ + HCO_3^- \longrightarrow Ca^{2+} + 2HCO_3^-$$

$$CaMg(CO_3)_2 + 2H^+ \longrightarrow Ca^{2+} + Mg^{2+} + 2HCO_3^-$$

$$Ca^{2+} + HCO_3^- \longrightarrow CaCO_3 + H^+$$

$$Mg^{2+} + HCO_3^- \longrightarrow MgCO_3 + H^+$$

图 6.18 显示了单一矿物含量所对应的岩石力学性质变化情况，由于石英含量的增加为其他矿物含量降低的结果，因此石英关系曲线可理解为除石英以外，其他矿物含量降低，

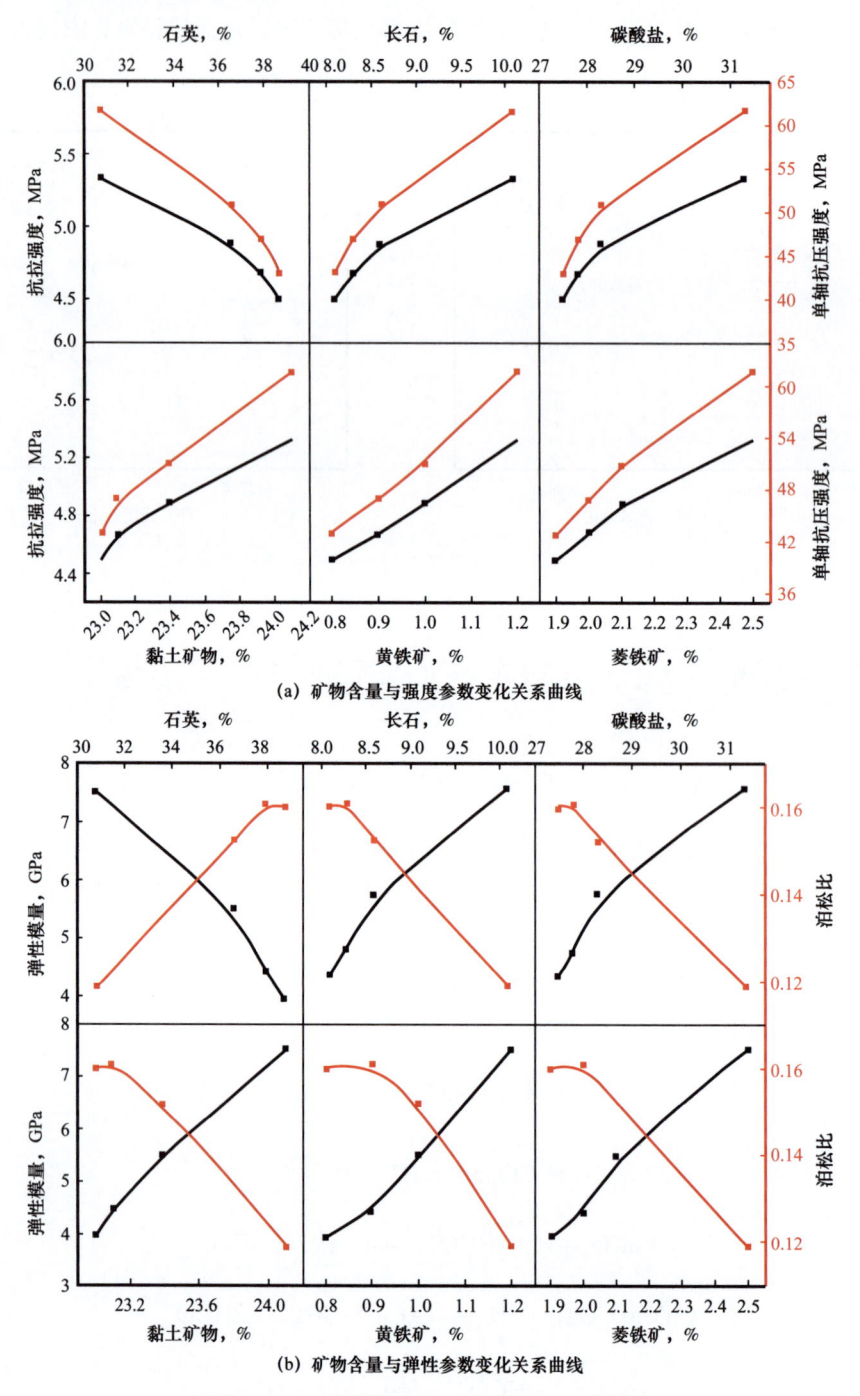

(a) 矿物含量与强度参数变化关系曲线

(b) 矿物含量与弹性参数变化关系曲线

图 6.18 不同矿物含量对应的岩石力学特性

力学性质降低，泊松比增大。在超临界 CO_2 的浸泡下，除石英以外，各矿物含量均有不同程度的降低，将各单一矿物含量进行力学特性分析发现，钾长石、斜长石、方解石、白云石、黄铁矿、菱铁矿和黏土矿物与页岩抗拉强度、单轴抗压强度、弹性模量均呈正相关的关系，与泊松比呈负相关的关系。分析原因是由于超临界 CO_2 的浸泡，岩石内部碳酸盐矿物含量受到了溶蚀作用而降低，碳酸盐矿物溶解，同时导致矿物颗粒之间的连结力变弱，摩擦力降低，岩石的力学强度随之降低[9]。

6.4.2 CO_2 处理下孔隙结构演化对力学性质的影响

在氮气吸附实验中[10]，氮气的吸附量表征孔隙结构的发育程度，氮气吸附量越高，孔隙发育程度越高，孔隙结构体积越大。图 6.19 和图 6.20 显示了氮气吸附量、CT 扫描下宏观裂隙特征与力学性质的关系曲线。从图中可以看出，氮气吸附量越高，裂隙发育程度越高，岩石的抗拉强度、单轴抗压强度和弹性模量越低，泊松比越高。分析原因是因为超临界 CO_2 浸泡实验过程中，随着超临界 CO_2 浸泡时间的延长，页岩内部部分矿物成分被溶蚀，

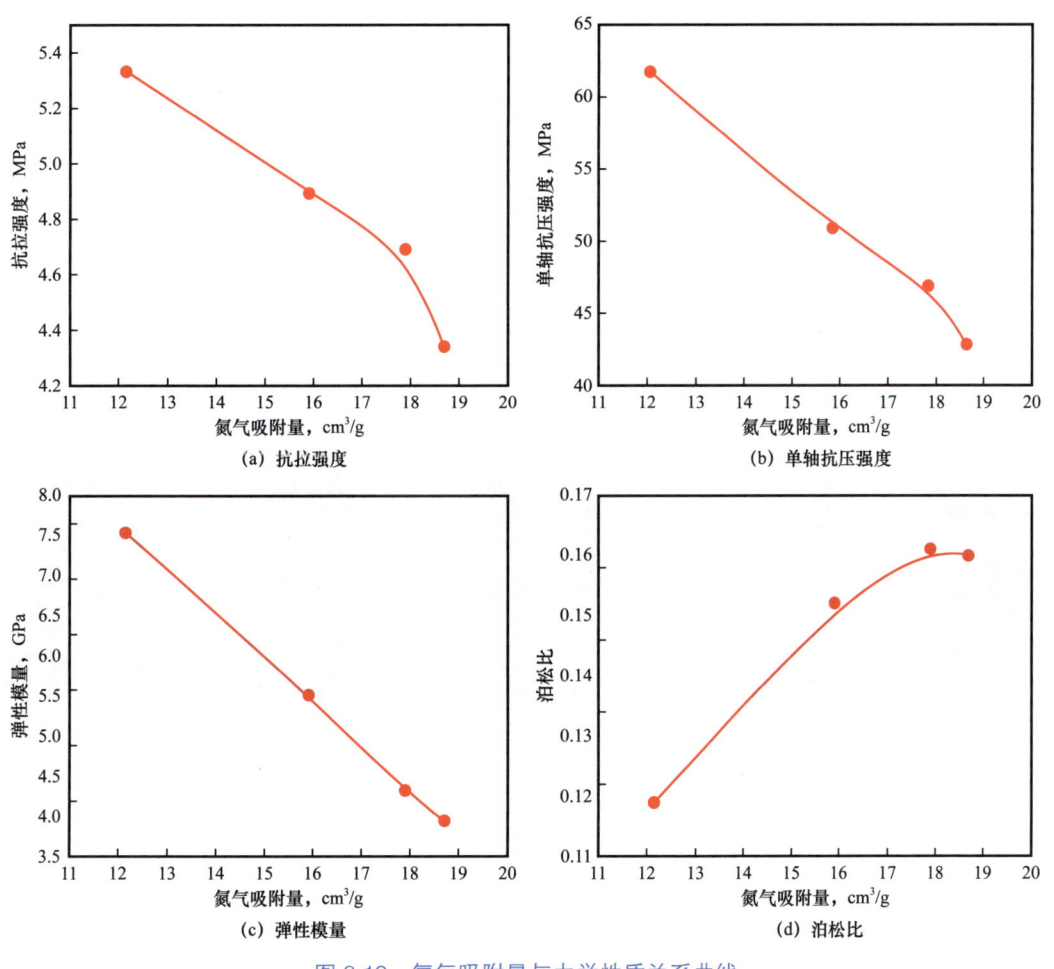

(a) 抗拉强度

(b) 单轴抗压强度

(c) 弹性模量

(d) 泊松比

图 6.19　氮气吸附量与力学性质关系曲线

使得页岩原生孔隙结构表面因被溶蚀而增大，孔隙率、比表面积增大，同时微观产生了新的孔隙、裂隙结构，结构连通性增加。图 6.21 显示了超临界 CO_2 浸泡作用下页岩内部孔隙发育情况，孔隙结构的改变使得页岩在受到外荷载时，微裂隙的产生变得更加容易，表现形式便是页岩力学性质的劣化。

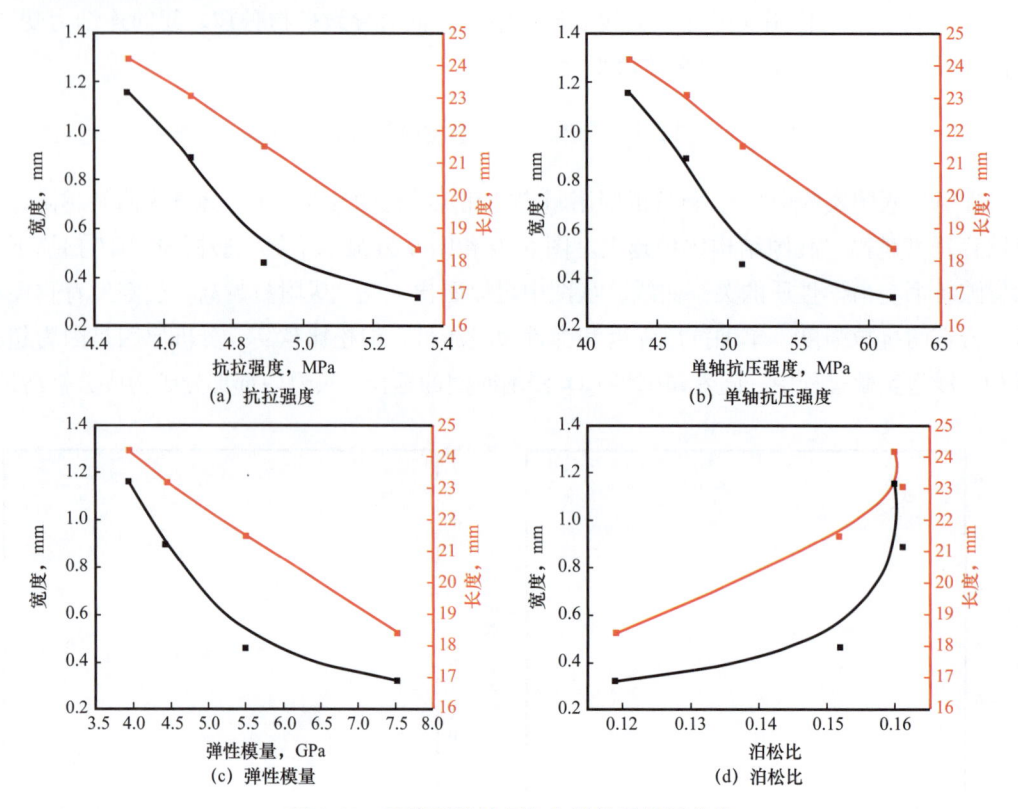

图 6.20　页岩裂隙特征与力学性质关系曲线

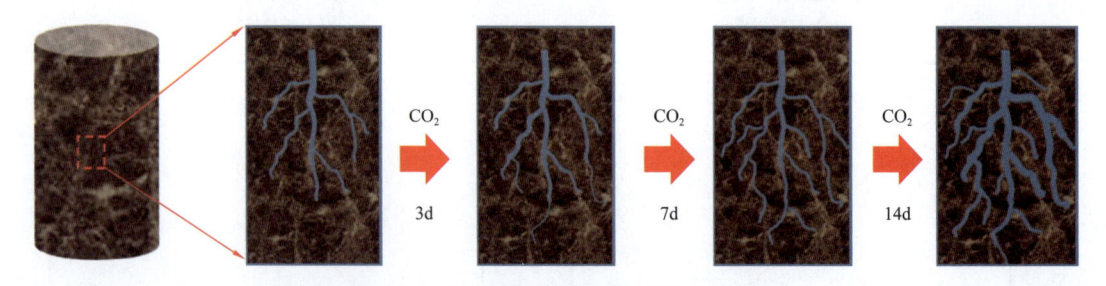

图 6.21　超临界 CO_2 页岩内部孔隙发育

6.4.3　CO_2 处理对页岩裂缝扩展规律影响

CO_2 处理后页岩微观孔隙结构与力学性质发生显著改变，为了进一步明确 CO_2 处理对压裂裂缝开启与扩展规律影响，进行了压裂模拟实验。未压裂时页岩样品形态如图 6.22（a）

所示，可见样品上部纹层发育，纹层间发育有大量天然裂缝（如图中蓝色箭头标注），易在压裂过程中开启新裂缝。样品下部较为均质，无页理纹层等结构弱面，在压裂施工中难以形成人工裂缝。样品整体纵向非均质性强，结构弱面多，易在压裂施工中产生大量人工裂缝。初次压裂模拟实验后，页岩样品形态如图 6.22（b）所示，样品上部的薄弱面在压裂过程中大量开启，产生数条新水平裂缝（如图中黄色箭头标注），同时原有的裂缝也在压裂作用下进一步延伸，裂缝复杂程度提升。

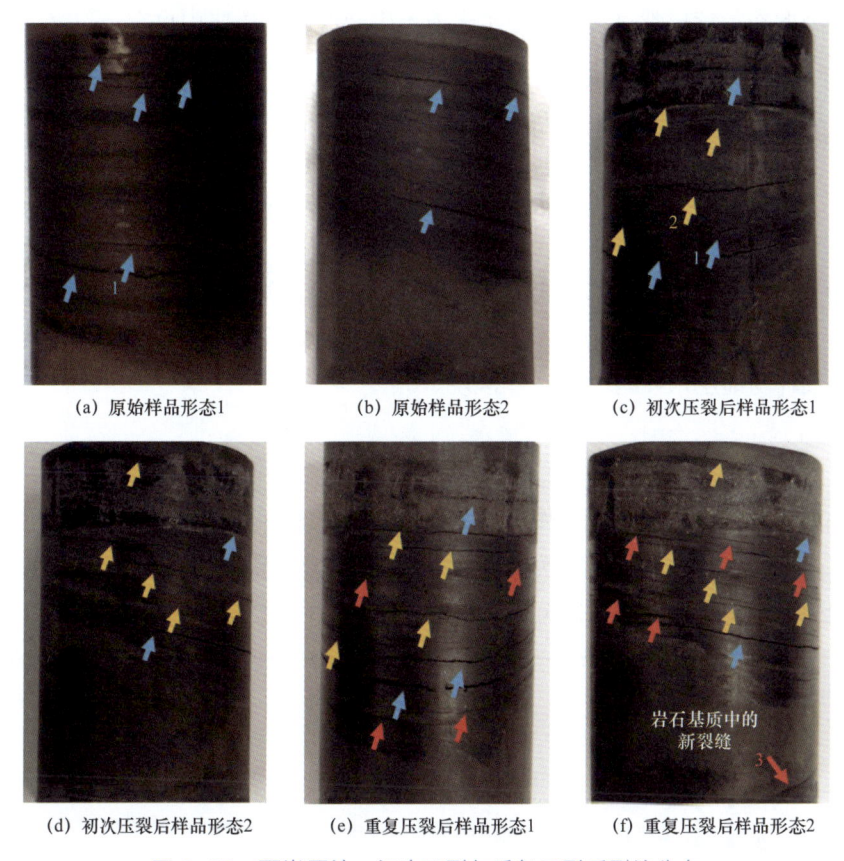

(a) 原始样品形态1　　(b) 原始样品形态2　　(c) 初次压裂后样品形态1

(d) 初次压裂后样品形态2　　(e) 重复压裂后样品形态1　　(f) 重复压裂后样品形态2

图 6-22　页岩原始、初次压裂与重复压裂后裂缝分布

随后将样品置于 CO_2 进行浸泡处理，并对处理后的样品进行重复压裂模拟，压裂后页岩样品形态如图 6.22（c）所示。如前所述，CO_2 在地层环境下很快相变为超临界态，超临界 CO_2 具有低黏度、高扩散性的物理特性，CO_2 能够充分进入样品内部的微纳米孔隙，溶解样品内的方解石与白云石，将钾长石与斜长石转化为高岭石，从而导致样品内部产生大量新生溶蚀孔与微裂缝，样品中力学薄弱面增多，样品力学强度大幅下降。因此，后续压裂中，样品不同位置多点起裂，产生大量新生裂缝（如图中红色箭头标注），裂缝复杂程度进一步提高。

实验过程中，生成的裂缝大致可分为扩展型裂缝、纹理型新裂缝与基质型新裂缝 3 类。扩展型裂缝如图中 1 号箭头标注所示，原始存在的天然裂缝在压裂过程中进一步扩展，裂缝宽度增加，导流能力增强。纹理型新裂缝如图中 2 号箭头标注所示，压裂在层间薄弱面上产生新裂缝，随着压裂施工的进行，大量力学薄弱面开启，产生新裂缝，构成较为复杂的裂缝网络，从而显著提高样品的导流能力。基质型新裂缝如图中 3 号箭头标注所示，压裂在岩石基质中产生新裂缝，由于处在页岩基质层内，力学强度较高，无力学薄弱面，因此在常规压裂中，未产生人工裂缝。但在 CO_2 处理过程中，CO_2 在压力作用下逐渐进入基质层致密的孔隙网络，使得基质层内部分矿物被 CO_2 溶蚀，产生微孔隙与微裂缝，生成力学薄弱面，因此在后续压裂过程中，原本未能产生裂缝的基质层中也有新裂缝生成。可见，CO_2 浸泡能有效降低新裂缝的生成难度，促进力学薄弱面的产生与开启，改善重复压裂的效果，从而形成更加复杂的裂缝网络。

6.5 超临界 CO_2 与原油作用机制研究

焖井的目的之一是充分发挥超临界 CO_2 对地层原油的混相、萃取作用，提高致密油采收率[11]。为阐明超临界 CO_2 提高原油采收率机制，开展了以下室内实验评价研究[12]。本节研究所用油样与地层水样均取自 H87 区块。

6.5.1 CO_2—原油相互作用分析

页岩油原油族组分分析结果如图 6.23 所示，可见 H87 区块原油油样碳数分布主要集中的区域为 C_2—C_{10}，C_{10} 以下的含量为 59.76%，且高含量主要集中在 C_6—C_{10}，C_{20} 以上含量较低，其油样表现出低黏、低碳的特点，具有较大的混相潜力。

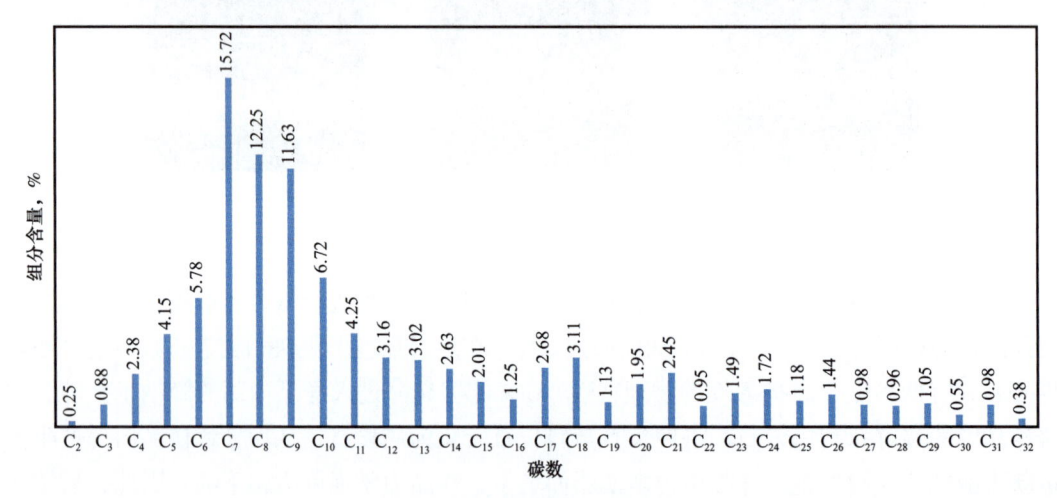

图 6.23 原油碳数分布规律

为明确 CO_2 对 H87 区块原油抽提效果，在不同压力下对抽提后原油的 C_5—C_7 组分含量进行对比分析，结果如图 6.24 所示。CO_2 抽提特性实验表明，CO_2 抽提的主要成分为原油的中质及轻质组分。经过 CO_2 抽提后，原油中的 C_2—C_{10} 组分含量均有不同程度的降低，

且 CO_2 抽提主要作用于油样中的 C_2—C_7 组分，特别是 C_5—C_7 组分的含量有了较大幅度的下降，以压力为 29MPa 下的抽提实验为例，C_5 组分含量由 4.15% 降至 0.41%，C_6 组分含量由 5.78% 降至 3.24%，C_7 组分含量由 15.72% 降至 5.36%。随着实验压力的升高，CO_2 对原油的抽提效果总体上呈现增强的趋势。压力的升高对 CO_2 抽提效果有一定的促进作用，其原因可能是因为 CO_2 对原油的抽提效果取决于容器内 CO_2 的密度，压力越大，CO_2 的密度越大，其抽提原油中轻质组分的能力也就越强。

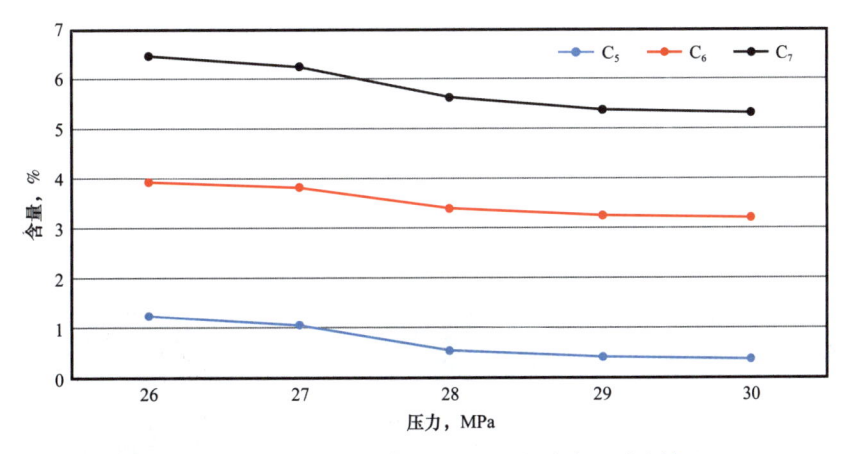

图 6.24　不同压力下抽提后 C_5—C_7 组分含量对比情况

经过抽提后的原油体积有一定程度的减少，黏度有小幅度的升高。以压力为 29MPa 下的抽提结果为例，原油体积从 100mL 变为 71mL，减少了 29mL。图 6.25 显示了压力为 29MPa 下抽提前后原油的黏温曲线，收集出口端放出的 CO_2 可以得到少量凝析油（图 6.26），究其原因，可能是因为 CO_2 抽提出了原油中的轻质组分，虽然仍然有小部分 CO_2 溶于原油中产生溶胀效应，但在较高压力下溶胀效应远小于抽提效应，所以原油抽提后体积有了一定程度的减少且黏度略微升高。但由于原油本身轻质组分含量远高于重质组分，即使抽提出一些轻质组分，原油的黏度仍然没有明显的升高。这说明 CO_2 吞吐技术在轻质油藏能够起到最好的应用效果，不仅能够提高采收率，而且能够将 CO_2 抽提对原油黏度的影响降到最低。

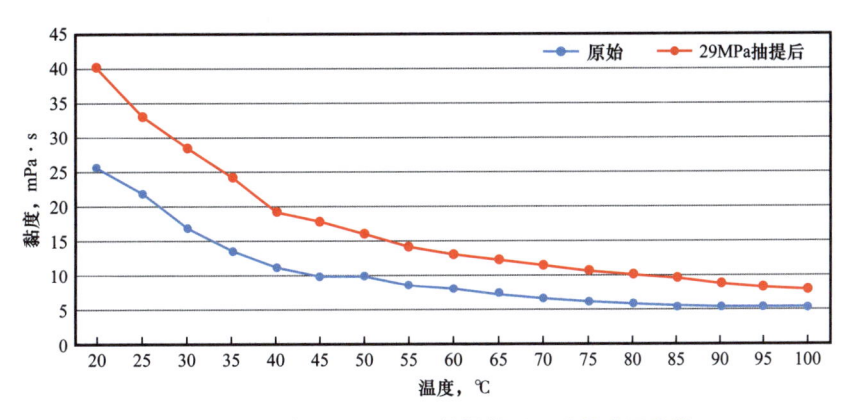

图 6.25　压力为 29MPa 下抽提前后原油的黏温曲线

图 6.26 抽提后收集 CO_2 得到的凝析油（压力为 29MPa）

CO_2 溶解在原油中，衰竭时（吐的过程）提供驱动能量，从而提高采收率。图 6.27 显示了压力为 29MPa 下抽提后静置不同时间的原油油样实物。从图中可以看出，抽提后的原油在常温常压下不断有 CO_2 气体逸出，说明部分 CO_2 溶解进入原油内部，使油藏中的原油与 CO_2 形成富含烃类的液相。在抽提的同时，部分 CO_2 溶解进入油样，随着开采过程压力的降低，CO_2 又逐渐从原油中脱出，形成油包气状态，提供驱动能量，增加可动原油体积，从而提高采收率，说明 CO_2 对原油的抽提作用是 CO_2 吞吐的主要增油机理之一。

(a) 静置0min　(b) 静置2min　(c) 静置4min

图 6.27　抽提后不同时间的原油油样（压力为 29MPa）

通过相关研究可见，只有当地层压力达到 CO_2 与原油间的最小混相压力时，才能获得最佳的提高采收率效果。CO_2—原油最小混相压力是指在油层温度下 CO_2 与原油多级接触混相的最小压力，是 CO_2 提高原油采收率研究的一个重要参数。采用细管实验测定了 H87 区块原油最小混相压力，在 101.6℃（区块平均地层温度）条件下对细管饱和原油，随后调节回压阀至预定压力，并按照一定速度注入 1.2PV CO_2 气体，实验结果如图 6.28 所示。从图中可以看出，随着注入压力的不断增加，原油采收率快速增加；当压力达到 28MPa 时，采收率超过 95%，随后增长速度趋于稳定，油气混相达到动态相平衡。拟合该曲线，得到该区块最小混相压力为 27.45MPa。

进一步利用高压可视化反应釜观察了不同压力条件下 CO_2 与原油的混相情况，结果如图 6.29 所示。从图中可以看出，在 10MPa 条件

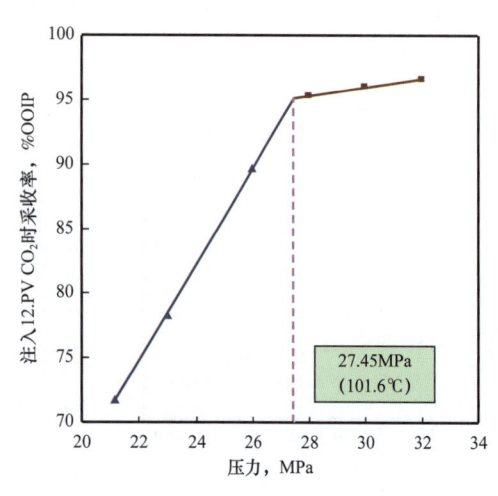

图 6.28　注入压力—采收率曲线

下，釜内下层的致密油样与上层的超临界 CO_2 界面十分清晰；随着压力的增加至 20MPa，地层油体积膨胀，此时 CO_2—原油作用以溶解为主，少量的原油轻质组分被萃取，形成少量薄雾区域；当压力继续增加至 25MPa 时，原油中烃组分被大量萃取，形成富烃带；当压力升至 27MPa 时，油气界面传质加剧、界面混沌现象出现，油气界面已经非常模糊；最后，当压力增加至 28MPa 后，CO_2 与原油完全混相，油气界面完全消失，形成单一相。该结果与细管实验测得的最小混相压力是一致的。

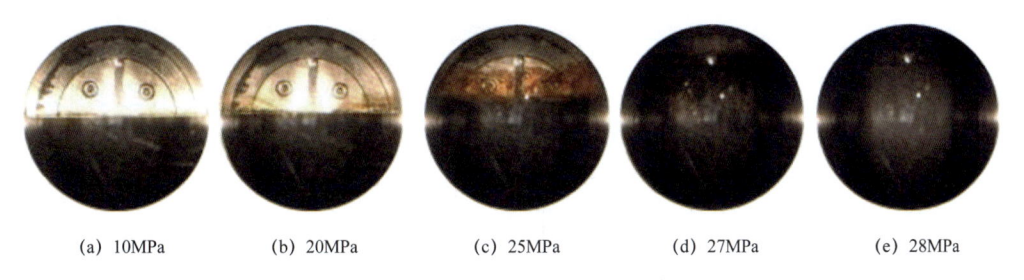

（a） 10MPa　　（b） 20MPa　　（c） 25MPa　　（d） 27MPa　　（e） 28MPa

图 6.29　CO_2 与地层原油混相过程

利用滚球式黏度计测量不同 CO_2 注入量下原油黏度的变化，并使用PVT分析筒测量 CO_2 对原油体积膨胀的影响，所得结果如图 6.30 所示。从图中可以看出，原油黏度随着 CO_2 注入量的增加有所下降，当 CO_2 注入量为 0 时，原油黏度为 5.755mPa·s；当 CO_2 注入量为 40.89% 时，原油黏度为 4.469mPa·s，黏度下降 22.3%。黏度的降低可以有效提高原油流动能力，改善采收效果。同时，原油的体积膨胀系数随着 CO_2 注入量的增加而增加，当 CO_2 的注入量为 40.65% 时，原油的体积膨胀系数为 1.58，表明 CO_2 溶解能够使原油体积显著膨胀，增加原油自身弹性能量，从而提高采收率。

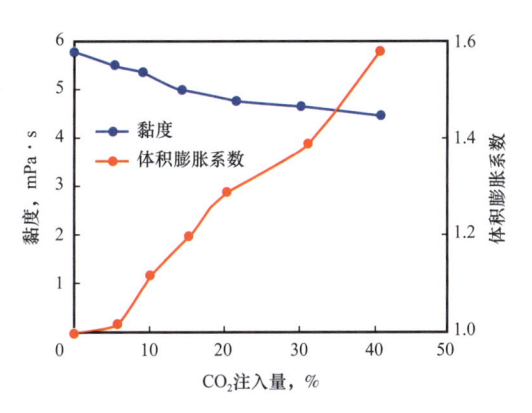

图 6.30　CO_2 注入量与黏度及体积膨胀系数变化关系

6.5.2　CO_2 提高采收率效果分析

通过岩心驱替实验，对比分析衰竭式开采、水驱开采、CO_2 吞吐开采的最终采收率。选取 H87 区块天然岩心，沿轴向将其劈分为两半，并用环氧树脂在其间充填固定不同颗粒大小的石英砂以模拟人工裂缝。实验温度选为该区块平均地层温度 101.6℃，衰竭式开采实验将岩心由地层压力条件（21.12MPa）下衰竭开采至压力为 8.03MPa；水驱实验连续注水至采出液含水率达 98% 为止；CO_2 吞吐开采实验循环吞吐 3 次，每次分别注入 0.3PV、0.15PV 和 0.15PV CO_2，每次注入后焖井 6h，以充分发挥 CO_2 溶解降黏、原油膨胀增能与置换萃取作用。实验结果如图 6.31 至图 6.33 所示。

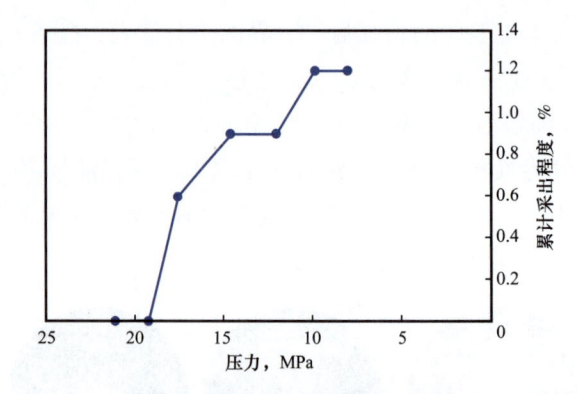

图 6.31　衰竭开采实验累计采出程度与压力变化关系图

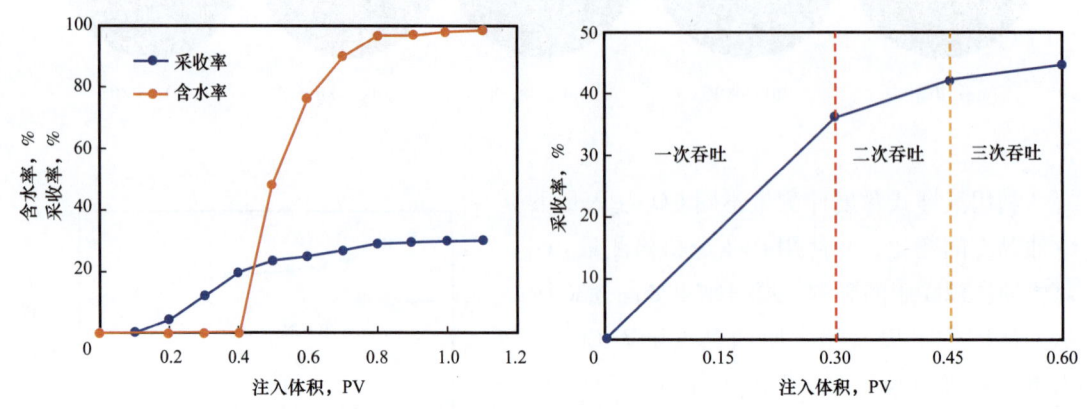

图 6.32　注水驱替采收率、含水率和注入体积变化关系图

图 6.33　CO_2 吞吐采收率和注入体积变化关系图

采用衰竭开采方式，最终累计采出程度仅为 1.2%；采用水驱开采方式，注入水体积达 0.4PV 后发生油水突破，含水率急剧上升至 98%，最终采收率为 30.31%；采用 CO_2 吞吐方式，一次、二次及三次吞吐后采收率分别为 36.02%、42.25% 和 44.43%，采收率明显高于衰竭开采与水驱开采，表明 CO_2 吞吐驱油在提高采收率方面具备技术优势。

6.5.3　CO_2 无水压裂埋存效果评估

焖井过程中，超临界 CO_2 在储层中充分扩散并与储层矿物与地层流体发生复杂的物理化学作用，能够有效提升 CO_2 埋存效果。为评估 CO_2 无水压裂埋存效果，选择 H87 区块为研究对象，建立全区块地质模型，对 87-11-4、87-5-3、87-7-7 三口无水压裂施工井进行网格加密处理，结果如图 6.34 所示。该模拟区面积为 4.45km^2，覆盖了研究区内所有采油井及注水井，区域内平均孔隙度为 0.12，平均渗透率为 0.2mD。

通过模拟得到三口井的 CO_2 采出程度随时间变化曲线，结果如图 6.35 所示，其中 87-11-4、87-5-3、87-7-7 三口井的最终埋存率分别为 83.87%，71.57% 和 73.77%，平均埋存率为 76.46%，埋存效果优于 CO_2 提高采收率技术（CO_2—EOR）。同时，压后返排的

CO₂ 在井口收集后通过简单分离，可以用于下次无水压裂施工。

CO₂ 无水压裂技术封存效率高于 CO₂—EOR 技术的主要原因是，相对于 CO₂—EOR 技术，无水压裂的注入压力更高（30～70MPa），注入排量更大（3～8m³/min），CO₂ 在高压力、高排量作用下穿透性和扩散能力进一步提升，能够进入驱替过程中 CO₂ 无法进入的微纳尺寸孔隙，大幅提高波及范围。当压裂焖井结束后，这部分 CO₂ 在气液相界面张力的作用下滞留于致密储层孔隙中，作为束缚气封存于地层。此外，构造地层遮挡、溶解于地层流体，以及与地层矿化水反应等，也是实现无水压裂 CO₂ 埋存的重要作用机制。

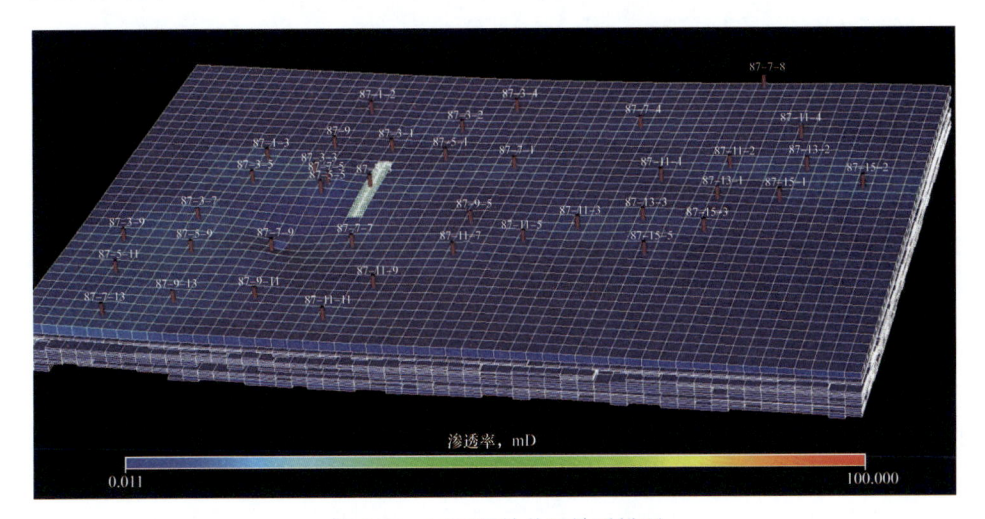

图 6.34　H87 区块井区地质模型

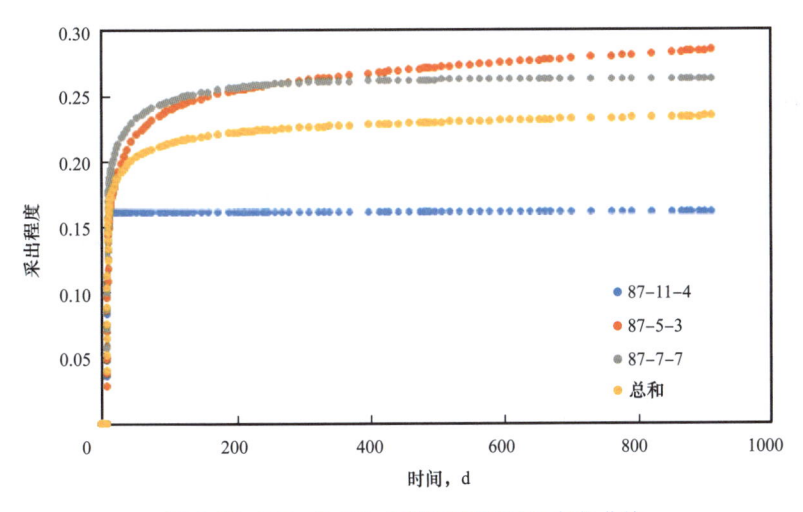

图 6.35　三口井 CO₂ 采出程度随时间变化曲线

6.5.4　CO₂ 无水压裂现场实践

自 2014 年 CO₂ 无水压裂先导性现场试验以来，中国石油吉林油田共实施 CO₂ 无水压裂现场试验 22 井次，其中 13 井次用于致密油井（图 6.36）。H87 区块是致密油 CO₂ 无水压裂主要试验区，合计施工 7 井次。统计 7 井次 CO_2 无水压裂压后产量，对比同区块 23 井次常规水力压裂，结果如下：7 井次 CO_2 无水压裂井平均 CO_2 注入量为 632m³，压后平均日产油 1.62t；23 井次水力压裂平均注水量为 380m³，压后平均日产油 0.6t。即在 H87 区块，CO_2 无水压裂产油量比同体积常规水力压裂产油量高 62.3%，CO_2 无水压裂具有显著增油优势。

图 6.36　CO_2 无水压裂施工现场

总结现场试验，可以得到以下认识：

（1）CO_2 无水压裂能够显著增加储层有效改造体积。使用井下微地震监测技术比较某致密油 CO_2 无水压裂井与邻井常规水力压裂造缝情况，现场实践显示 CO_2 无水压裂 CO_2 注入量为 440m³，改造体积为 71×10^4m³；邻井水力压裂注水量为 425m³，改造体积仅为 27.3×10^4m³，CO_2 无水压裂的单位注入量改造体积是水力压裂的 2.51 倍。这是因为超临界 CO_2 黏度低、表面张力小、流动性强，能够沟通水基压裂液所不能沟通的天然微裂缝与微纳孔隙，提高裂缝复杂程度；同时能够显著降低致密岩石强度。但低黏度并不总是带来正面收益，低黏度的 CO_2 会在近井筒区域发生大量滤失，使得近井筒区域裂缝复杂度较高，远井区域改造程度相对不足。因此，研究适用于 CO_2 压裂液的增稠剂以适当提高体系黏度是有必要的。

（2）CO_2 无水压裂能够实现混相增产。在压裂结束后的焖井过程中，井底压力长期高于最小混相压力，持续时间约 7.15d。分析压后产油组分，原油组分中 C_{13} 以上重组分增加，轻质组分减少，效果持续 8 个月（图 6.37）。这是因为 CO_2 通过降低原油黏度、提高原油弹性能量等作用提高了原油的流动性，使原有无法动用的重组分原油得到有效开采。

（3）CO_2 无水压裂具有增加地层能量的技术优势。比较 H87 区块 CO_2 无水压裂井与常规水力压裂邻井压后地层压力变化，CO_2 压裂井 CO_2 注入量为 573m³，压后地层压力由 22.15MPa 增加至 24.39MPa；常规水力压裂井注水量为 1507.9m³，压后地层压力由 22.05MPa 增加至 25.26MPa。单位液量 CO_2 增加地层压力的幅度是水基压裂液的 1.85 倍，注入 CO_2 能有效补充地层能量。

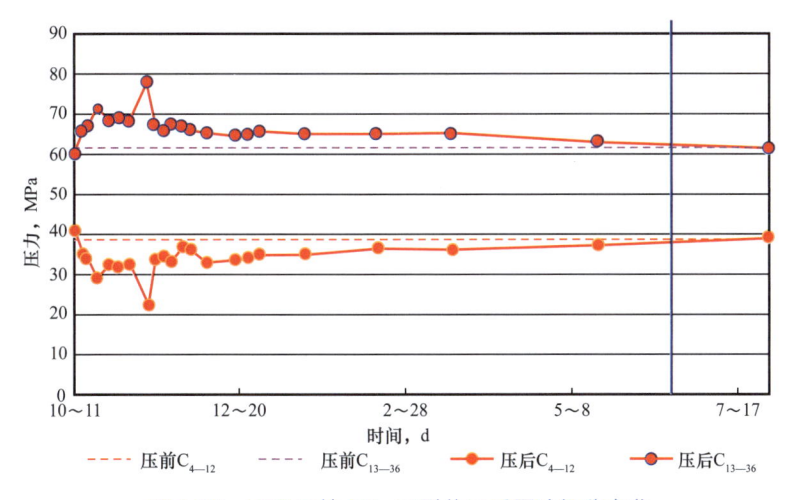

图 6.37 H87 区块 CO_2 压裂井压后原油组分变化

参 考 文 献

[1] Mehic M, Ranjith P G, Choi S K, et al. The geomechanical behavior of Australian black coal under the effects of CO_2 injection: uniaxial testing [J]. Advances in Unsaturated Soil, Seepage, and Environmental Geotechnics, 2006: 290-297.

[2] Lahann R, Mastalerz M, Rupp J A, et al. Influence of CO_2 on New Albany Shale composition and pore structure [J]. International Journal of Coal Geology, 2013, 108: 2-9.

[3] Jiang Y, Luo Y, Lu Y, et al. Effects of supercritical CO_2 treatment time, pressure, and temperature on microstructure of shale [J]. Energy, 2016, 97: 173-181.

[4] Busch A, Alles S, Gensterblum Y, et al. Carbon dioxide storage potential of shales [J]. International journal of greenhouse gas control, 2008, 2(3): 297-308.

[5] Yin H, Zhou J, Jiang Y, et al. Physical and structural changes in shale associated with supercritical CO_2 exposure [J]. Fuel, 2016, 184: 289-303.

[6] Oikawa Y, Takehara T, Tosha T. Effect of CO_2 injection on mechanical properties of Berea Sandstone [C] //The 42nd US Rock Mechanics Symposium (USRMS). OnePetro, 2008.

[7] 陈钰婷. 超临界二氧化碳作用下页岩力学特性研究 [D]. 重庆：重庆大学，2016.

[8] Verdon J P, Kendall J M, Maxwell S C. A comparison of passive seismic monitoring of fracture stimulation from water and CO_2 injection [J]. Geophysics, 2010, 75(3): MA1-MA7.

[9] Zhang X, Lu Y, Tang J, et al. Experimental study on fracture initiation and propagation in shale using supercritical carbon dioxide fracturing [J]. Fuel, 2017, 190: 370-378.

[10] 李新景, 胡素云, 程克明. 北美裂缝性页岩气勘探开发的启示 [J]. 石油勘探与开发, 2007, 34(4): 392-400.

[11] 王瑞和, 倪红坚. 二氧化碳连续管井筒流动传热规律研究 [J]. 中国石油大学学报（自然

科学版),2013,37(5):65-70.

[12] 宋维强,王瑞和,倪红坚,等. 水平井段超临界CO_2携岩数值模拟[J]. 中国石油大学学报(自然科学版),2015,39(2):63-68.

第7章
陆相页岩油可动用性微观综合评价

页岩油可动用性是判断页岩层系石油资源动用难易程度的重要参数，可通过储集空间有效性、含油性和储集层可改造性等因素系统评价[1-5]。本书选取准噶尔盆地、鄂尔多斯盆地、渤海湾盆地、松辽盆地中高成熟度页岩油藏作为研究对象，基于储层多尺度空间展布刻画、有效连通性计算、荷电效应可动油评价、改造过程裂缝扩展仿真模拟等技术开发与集成应用，在同一评价技术体系和相同实验测试条件下获取四大盆地页岩油储集空间有效性、含油性、原油可动性及可改造性等关键参数，解决常规分析手段分辨率不足、难以定量评价等难题，形成不同类型页岩油资源可动用性评价方法与对比认识，为针对性开发方案与工程技术遴选提供参考和建议。

7.1 页岩油可动用性评价方法

页岩油储层非均质性强，孔喉结构细小，孔隙空间展布、有机质结构、流体相态与含油气性复杂，许多传统的分析手段不适用。页岩油可动用性一般受储层有效性、储层含油饱和度、原油可动性及储层可改造性等主控因素共同控制[6-8]，单方面的储层评价结果不能很好地反映储层特性。

储层有效性即储层孔隙—裂缝系统发育程度、孔隙有效性与连通性，决定储层基础渗流条件。含油性及原油可动性即储层含油丰度及原油在储层微观结构中的有效流动能力，主要由储层温度和压力条件决定的原油流动驱动力、由原油物性决定的原油流动特征、由可动油空间分布决定的原油是否分布于有效连通孔隙等主控因素共同控制[9]。储层可改造性代表着页岩油被有效改造的难易程度，主要影响因素包括地应力、矿物组成、页理纹层分布等。

数字岩石技术起源于20世纪90年代，利用多尺度表征手段获取岩石内部结构等数字化信息，通过多种算法重建数字岩心进行数值模拟研究，从而对储层实现数字化表征[10-11]。本书针对页岩油储层有效性、含油性及原油可动性、储层可改造性3个方面，采用场发射扫描电镜大面积高分辨孔缝配置关系分析、储集空间三维展布刻画、有效连通性计算、矿物组成与定量分布、荷电效应可动油识别、数字岩石裂缝扩展模拟仿真等多尺度数字岩石评价技术的有效结合，通过评价方法集成创新，建立页岩油可动用性评价流程与技术体系。

储层有效性评价方面，对于页岩微纳米尺度孔隙空间，需要使用孔隙有效性与连通性作为主要描述参数。本书利用双束场发射扫描电镜大面积图像拼接（MAPS）技术获取富有机质页岩储集空间孔缝发育与孔径分布特征，利用三维孔隙结构图像和有效连通性自编软件，计算页岩样品中相互连通的孔隙体积与总孔隙体积的比值，获得孔隙连通率参数，进而计算不同地区页岩岩心样品有效孔隙度。

含油性及页岩油可动性评价方面，传统热解、氯仿沥青"A"抽提等地球化学分析方法只能获得可动烃定量数值而无法获得原油在样品中的分布。页岩基质孔隙以微纳米尺度为主，孔隙类型千差万别，具有同样含油性的粉末样品，其储集空间连通性和有效性往往大不相同。本书利用电子束荷电效应开展页岩可动油分布定量评价，通过成像参数的精细调节，使原油分布区域表现出荷电效应。导电性测试、极性溶剂抽提、加热去除可动油等系列实验证实，可动油是导致荷电效应的主要原因，因此本书采用研究方法可以直接获得可动油分布，并进一步结合传统热解分析定量计算可动油饱和度。

储层可改造性评价方面，陆相页岩非均质性极强，细观尺度下存在大量页理纹层等结构弱面，矿物组成与分布特征也较为复杂，现有评价方法由于分析因素不够全面导致评价效果不理想[12]。本书基于数字岩石图像重构和矿物组成定量识别，结合有限元方法模拟页岩岩心起裂特征与扩展机制，系统评价页岩储层可改造性。

》 7.2 储层有效性评价

陆相页岩油储集空间在多个尺度上均表现出较强的非均质性：在米级尺度，根据页岩油地质评价标准，富有机质页岩层系可以存在单层厚度不大于 5m 的粉砂岩、细砂岩、碳酸盐岩，表明页岩层系存在米级的泥页岩段与其他岩性段的过渡与交替；在厘米级尺度，水体盐度等古环境的差异和水动力条件等因素不断变化导致陆相页岩页理纹层发育；在毫—微米级尺度，仍存在微观生物作用、矿物溶蚀差异等因素导致的储集空间以及有机质分布的非均质性，有机质类型与成熟度差异也导致有机质—无机矿物之间接触关系、孔缝特征及原油吸附存在差异。

7.2.1 储集空间评价

准噶尔盆地吉木萨尔凹陷芦草沟组页岩油储层受构造、气候、水体、沉积物供给等因素影响，形成了广泛发育的泥晶白云岩、粉砂岩和混积岩[13]。储集空间主要包括原生孔和次生孔，原生孔主要包含粒间孔和晶间孔，次生孔主要包括溶蚀扩大粒间孔、粒间溶孔、粒内溶孔、晶内溶孔及少量裂缝。样品 TOC 较高，发育大量干酪根条带，主要孔隙类型包括粒间孔、黏土矿物粒间孔、有机质部分填充粒间孔和部分有机质孔隙（图7.1）。

有机孔也是页岩油赋存的重要储集空间，研究样品可见部分有机质条带发育有机孔，而有些不发育，反映了成烃生物的多样性和有机孔隙分布的非均质性。在厘米级尺度富有

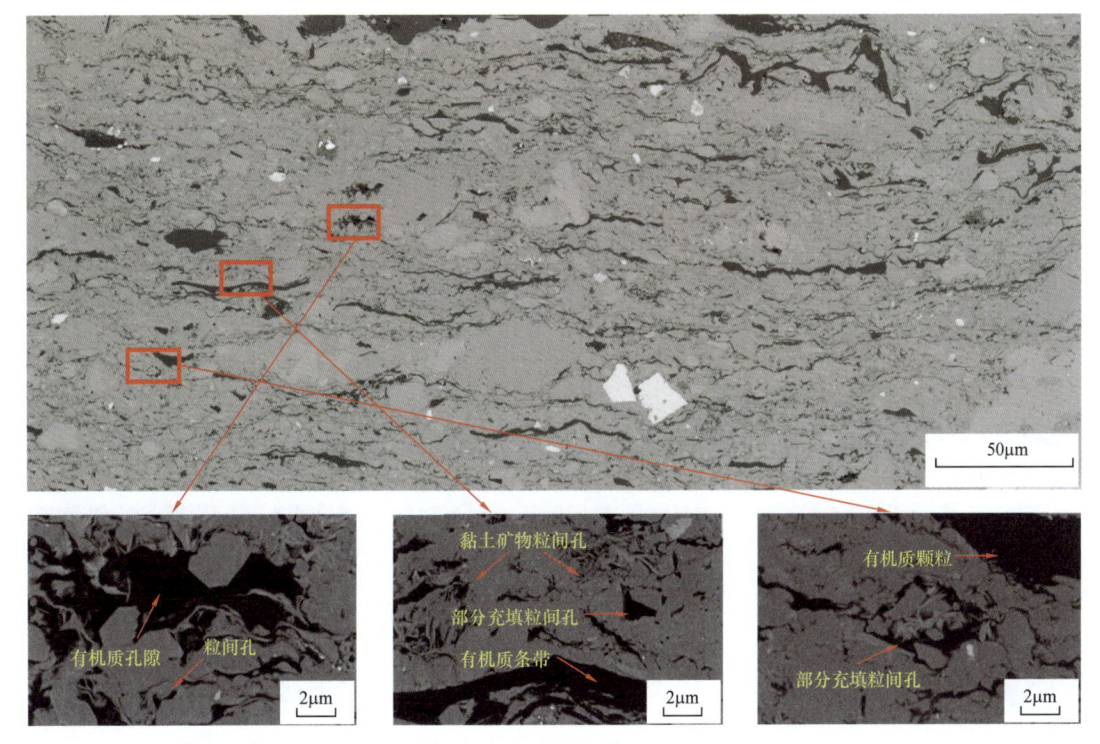

图 7.1　准噶尔盆地吉木萨尔凹陷二叠系芦草沟组宏观及局部放大孔隙特征

机质泥质区域附近往往有泥晶白云质区，发育大量未被充填的粒间孔，为发生短距离运移的液态烃提供了良好的储集空间。此外，大量的溶蚀次生孔隙为页岩油大规模成藏提供了主要的储集空间。

鄂尔多斯盆地陇东地区长 7_3 亚段页岩油储层主要分布于深湖泥页岩沉积区，储层连续性相对较好，岩性以薄层细砂岩、粉砂质泥岩、泥质粉砂岩为主。典型的长 7_3 亚段富有机质页岩的沉积层理及微观孔隙特征如图 7.2 所示，在电子显微镜下可见的储集空间并不十分发育，主要孔隙类型为粒间孔、微裂缝及黏土矿物粒间孔等，有机质内部孔隙较少。但考虑到样品 TOC 较高，有机质条带连接成片，吸附原油从而不呈现出可视孔隙，可以成为页岩油重要的储集体。

渤海湾盆地沧东凹陷孔二段页岩油沉积期构造相对稳定，形成了 400～600m 厚的细粒沉积层系，既发育优质烃源岩，又发育有效储层，极具潜力。孔二段优质页岩层系岩性主要为长英质页岩、灰云质页岩及碳酸盐岩等[14]。典型富有机质页岩样品可见孔隙类型为粒间孔、微裂缝、有机质孔及有机质收缩孔等，有机质丰度较高，部分区域发育有机质纳米孔，构成了多级储集系统（图 7.3）。

松辽盆地长岭凹陷青一段页岩油储层为厚—巨厚暗色泥岩与薄层砂质岩互层，形成典型的"泥包砂"生储盖组合特征，富有机质页岩均属特低孔隙度、特低渗透率储层。典型页岩油样品中可见大量的黏土矿物粒间孔，微裂缝发育，有机质在毫米级尺度离散分布，难以连片富集，有机质孔隙在电镜观察下并不发育，储集空间为基质微裂缝型（图 7.4）。

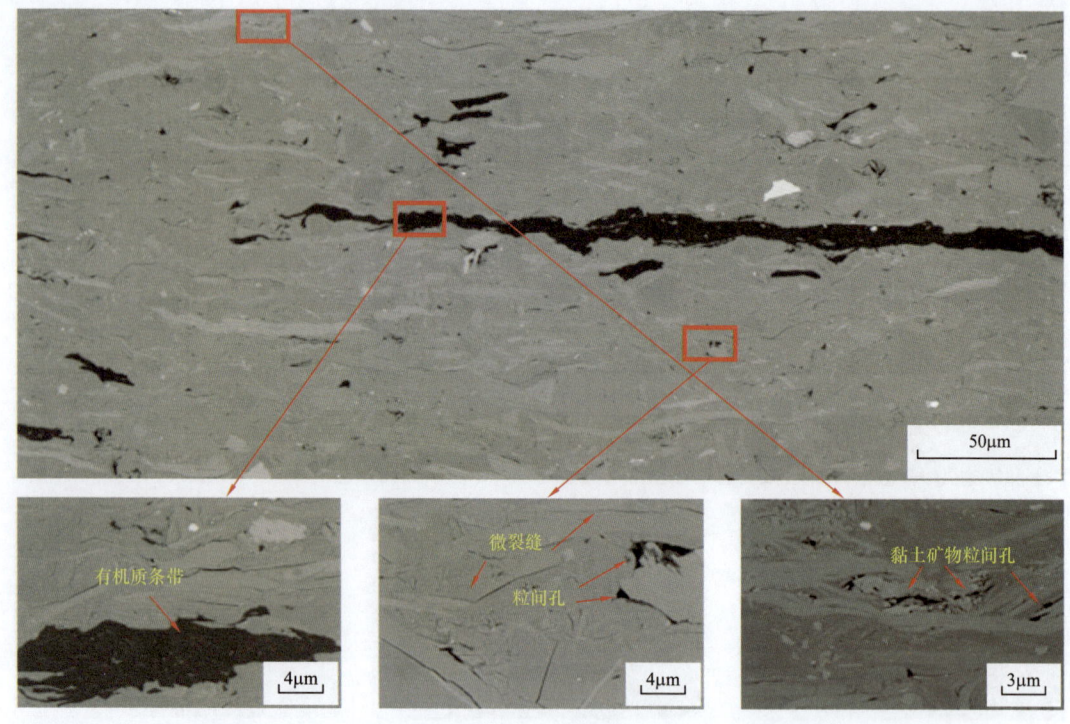

图 7.2　鄂尔多斯盆地陇东地区长 7_3 亚段宏观及局部放大孔隙特征

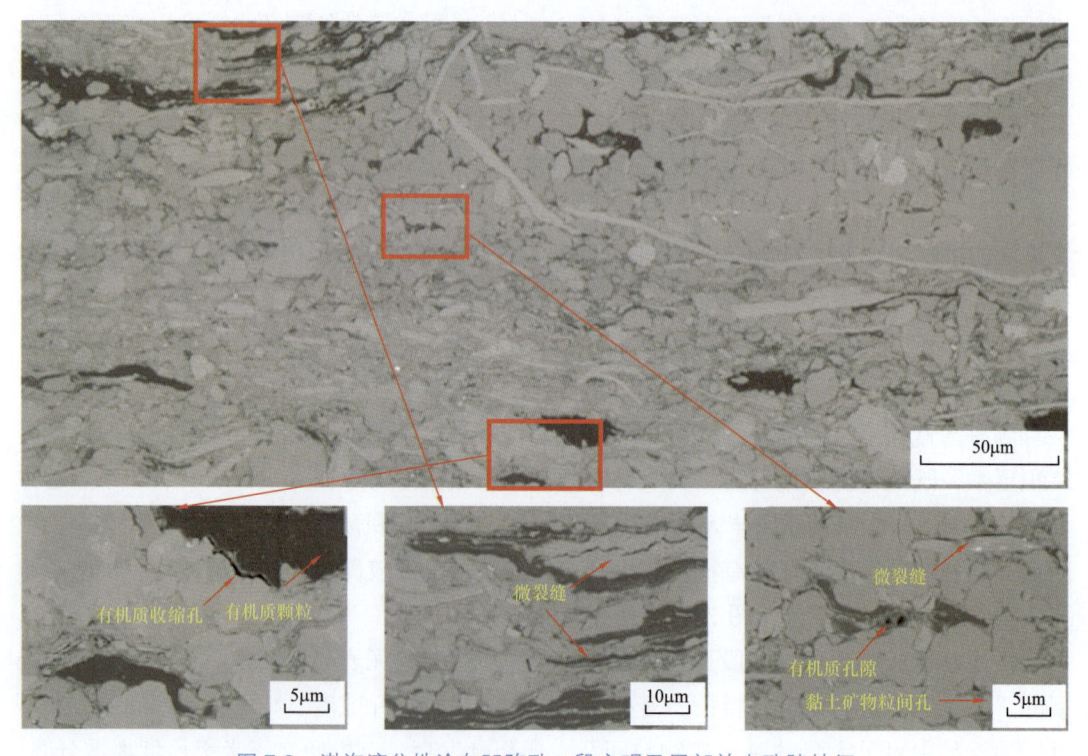

图 7.3　渤海湾盆地沧东凹陷孔二段宏观及局部放大孔隙特征

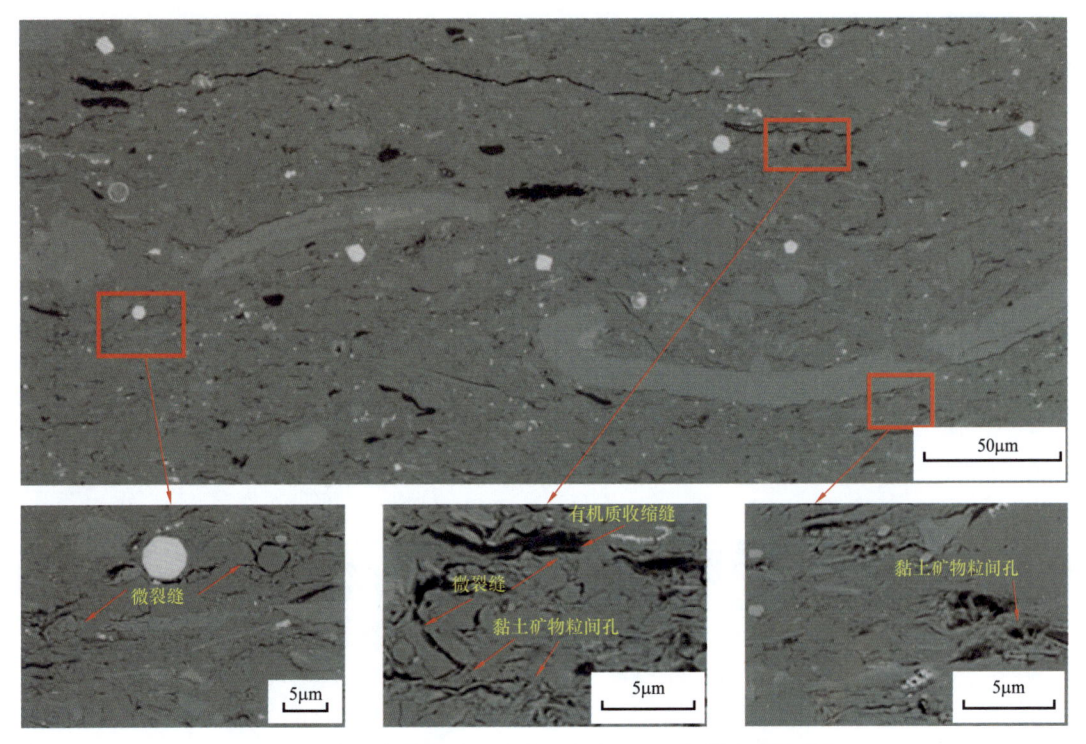

图 7.4　松辽盆地长岭凹陷青一段宏观及局部放大孔隙特征

7.2.2　孔隙结构比较

笔者前期研究结果表明[13]，孔隙尺寸对页岩油的聚集、运移有重要影响，当孔隙直径小于 20nm 时，页岩油无法渗出；当孔隙直径为 20～200nm 时，需要外部驱动力渗出；当孔隙直径大于 200nm 时，页岩油可以从孔喉中自由渗出。为此，进一步统计了准噶尔盆地吉木萨尔凹陷芦草沟组、鄂尔多斯盆地陇东地区长 7_3 亚段、渤海湾盆地沧东凹陷孔二段、松辽盆地长岭凹陷青一段 4 个地区页岩样品孔径分布（表 7.1），结果显示孔径分布范围以 20～200nm 为主，其中芦草沟组孔径大于 200nm 的孔隙比例最高（为 30%），而青一段页岩小于 20nm 孔径的无效孔比例相对较高。

表 7.1　4 个地区典型页岩油样品孔径分布特征

取样层位	孔径分布体积占比，%		
	<20nm	20～200nm	>200nm
芦草沟组	10	60	30
长 7_3 亚段	10	75	15
孔二段	5	70	25
青一段	30	65	5

通过数字岩石技术分析 4 个地区 FIB—SEM 三维孔隙结构模型（图 7.5）。利用自编 Matlab 脚本对 4 个地区页岩样品进行连通性检测与分析，并将孔隙连通域按连通性由差向好分级为死连通域 Cr、1 级连通域 Cr_1、2 级连通域 Cr_2 和 3 级连通域 Cr_3 共 4 类。结果显示，页岩的孔隙连通性很差，4 个地区页岩孔隙总连通率均不足 60%，其中芦草沟组与孔二段页岩孔隙连通性相对较好，有效孔隙度相对较高；而青一段页岩连通性相对较差（表 7.2）。

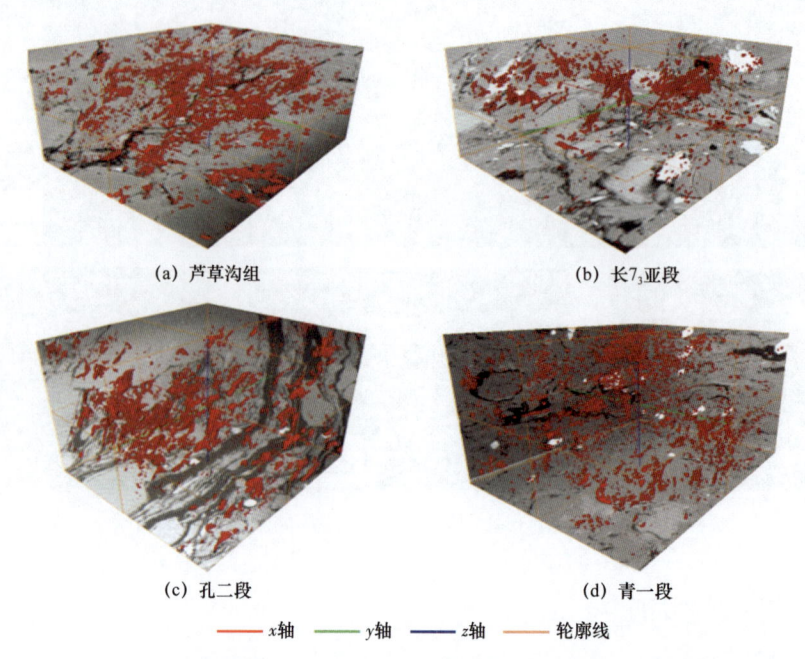

(a) 芦草沟组　　(b) 长 7_3 亚段

(c) 孔二段　　(d) 青一段

—— x 轴　—— y 轴　—— z 轴　—— 轮廓线

图 7.5　芦草沟组、长 7_3 亚段、孔二段、青一段页岩油岩心样品三维孔隙空间展布特征
（红色代表内部孔隙）

表 7.2　4 个地区典型页岩油样品连通性分析

取样层位	孔隙度 %	连通域数量 个	分级连通率，%				有效孔隙度 %
			Cr	Cr_1	Cr_2	Cr_3	
芦草沟组	3.1	4679	56.90	4.56	12.23	40.11	1.8 ± 0.1
长 7_3 亚段	1.8	2633	42.16	16.31	20.62	5.23	0.8 ± 0.1
孔二段	2.5	3866	49.31	10.74	35.33	3.24	1.2 ± 0.1
青一段	1.5	1732	30.85	20.52	10.33	0	0.5 ± 0.1

7.3　储层含油性与页岩油可动性评价

准噶尔盆地吉木萨尔凹陷芦草沟组烃源岩氢指数（HI）多大于 350mg/g，有机质类型以 Ⅱ 型为主［图 7.6（a）］。样品油饱和指数（OSI）较高［图 7.6（b）］，烃源岩 R_o 主

体为 0.6%～1.1%，处于低成熟—成熟阶段。地层压力系数较大（1.1～1.3），但气油比低（10～20m³/t）、原油黏度较高（50～120mPa·s），流动性差。典型的芦草沟组基质型页岩样品 TOC 为 3.96%、游离烃量 S_1 为 2.21mg/g，样品中离散分布着狭长有机质颗粒，可动油与干酪根伴生分布，吸附在干酪根颗粒内部，少部分填充在矿物颗粒粒间孔中，有良好的开发潜力（图 7.7）。对于芦草沟组页岩，往往基质区与储集区紧密伴生，在微观上形成了良好的源储一体体系。

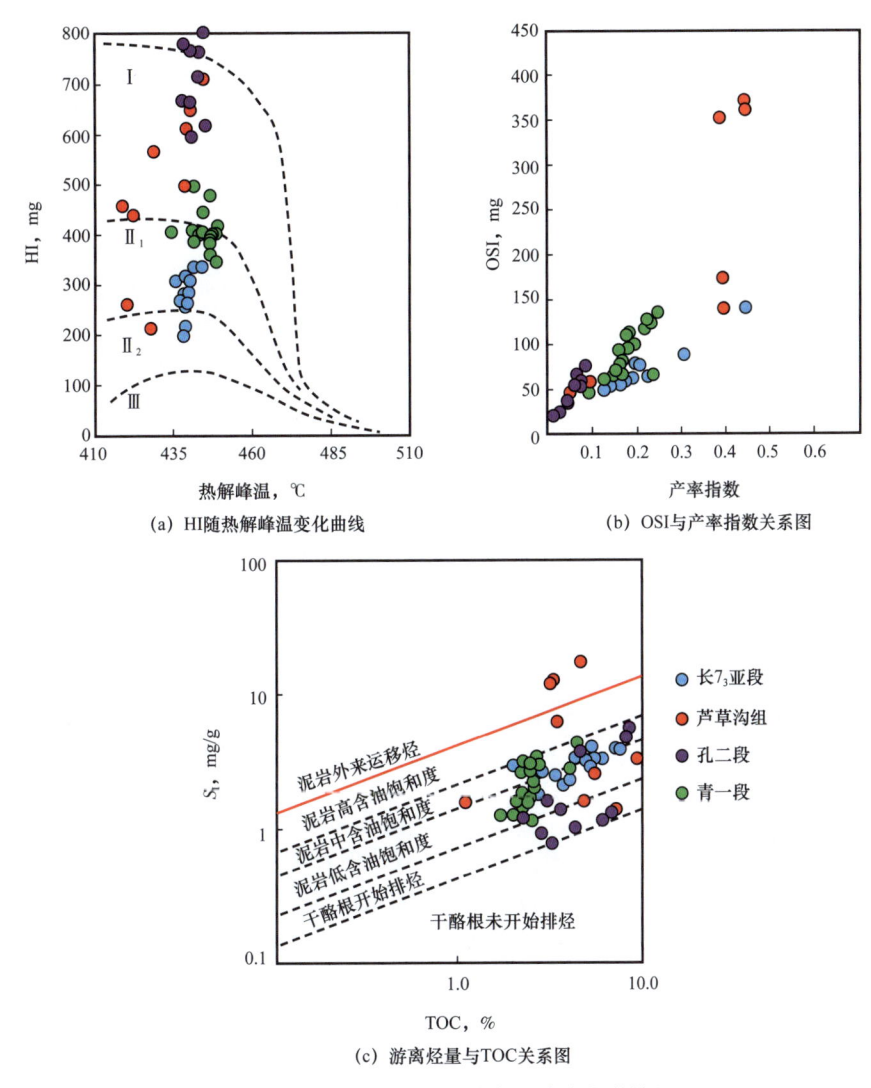

(a) HI 随热解峰温变化曲线

(b) OSI 与产率指数关系图

(c) 游离烃量与TOC关系图

图 7.6　典型页岩油样品的有机地球化学特征

鄂尔多斯盆地陇东地区长 7_3 亚段页岩样品非均质性较强，有机质类型以Ⅰ型、Ⅱ型为主；TOC 整体大于 5%，OSI 中等 [图 7.6（b）]，R_o 为 0.6%～1.1%，处于低成熟—成熟阶段。尽管具有轻质原油特征（气油比为 60～120m³/t，黏度为 5～20mPa·s），但地层能量不足，压力系数主体仅为 0.7～1.0。样品 HI 平均值为 300mg/g [图 7.6（a）]，S_1 大于 1.5mg/g。典型的长 7₃ 亚段页岩样品 TOC 为 5.43%，S_1 为 2.79mg/g，有机质相对较少，页岩油与有机质呈伴生分布状态，但通过超高分辨率电镜观察，微裂缝及大量黏土矿物孔隙沟通，形成较好的有效连通储集体系（图 7.8）。

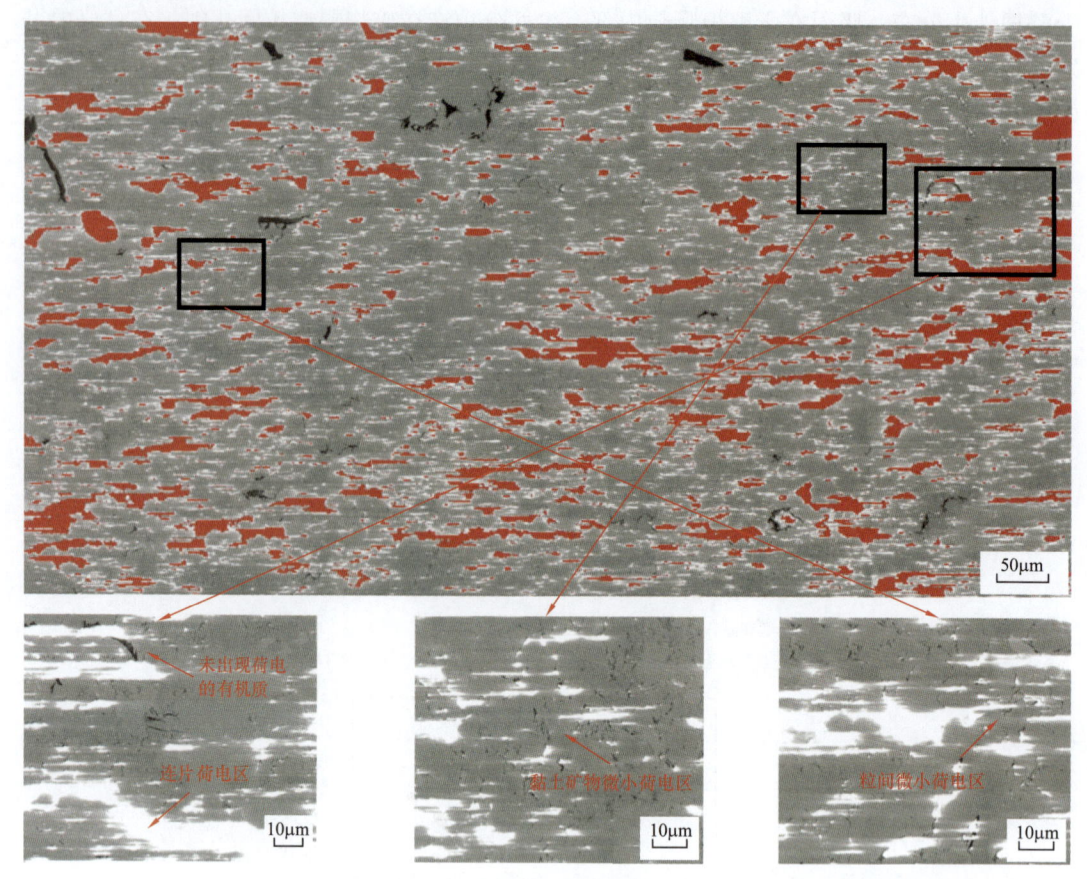

图 7.7　准噶尔盆地吉木萨尔凹陷芦草沟组荷电区页岩油宏观分布及局部放大图

（红色代表提取后的残留油区域）

渤海湾盆地沧东凹陷孔二段陆相页岩整体达到很好的烃源岩标准，干酪根主要为 II₁ 型、II₂ 型，TOC 为 0.13%～12.92%，OSI 相对较低 [图 7.6（b）]，R_o 为 0.66%～0.91%，属于中低成熟度范围；压力系数整体较高但差异较大（1.0～1.8），气油比为 50～130m³/t，原油黏度为 10～100mPa·s，流动性适中。典型的孔二段样品整体面孔隙度很低，矿物粒间孔基本被干酪根占据，可动油主要吸附分布在干酪根颗粒的表面，或存在于干酪根与矿物颗粒之间的裂隙中，干酪根整体表现为网络状，形成了很好的储集排烃网络（图 7.9）。

松辽盆地长岭凹陷青一段页岩油样品 TOC 相对较低，主要为 1.4%～2.5%，平均为 1.9%，S_1 整体较高（0.86～2.90mg/g）[图 7.6（c）]，OSI 与长 7₃ 亚段类似 [图 7.6（b）]，R_o 为 0.70%～1.13%，成熟度相对较高；地层压力系数较高（1.0～1.5），气油比为 50～100m³/t，原油黏度为 10～200mPa·s，流动性相对较差。柳波等[14]将青山口组富有机质页岩按 TOC

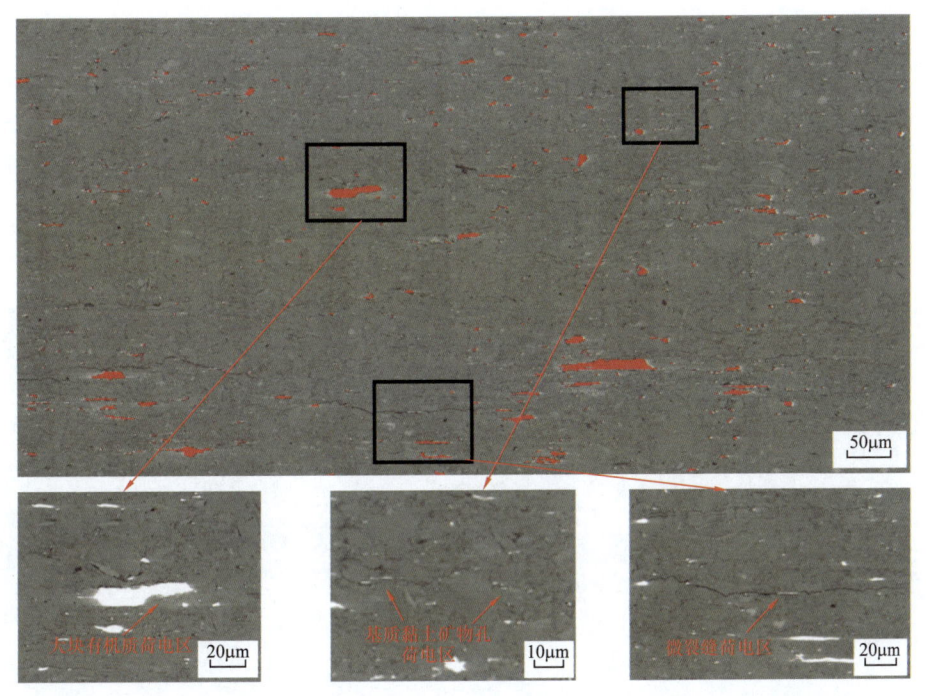

图 7.8　鄂尔多斯盆地陇东地区长 7$_3$ 亚段荷电区页岩油宏观分布及局部放大图

（红色代表提取后的残留油区域）

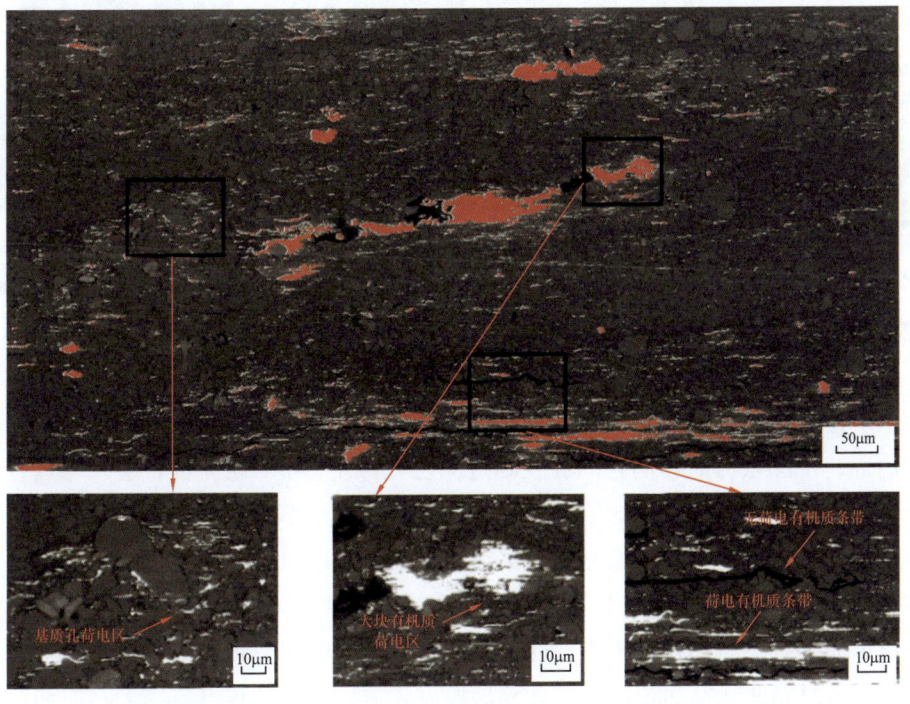

图 7.9　渤海湾盆地沧东凹陷孔二段荷电区页岩油宏观分布及局部放大图

（红色代表提取后的残留油区域）

分为高有机质块状泥岩相、中有机质块状泥岩相与中有机质纹层状泥岩相，其基质孔隙连通性及含油情况差异明显。典型的青一段样品的荷电分布图（图7.10）显示，页岩油在孔隙中呈繁星状均匀分散，虽未连片但仍达到一定的规模。此外，荷电区往往部分填充于微小的粒间孔隙中，可见显露的部分孔隙。该现象表明原始样品中孔隙中填充了大量的可动油，在真空中被抽走后，暴露了部分粒间孔。因此，青山口组样品即使TOC相对较低，但大多数有机碳为已生成的液态烃，OSI［图7.6（b）］也显示出样品含油饱和度较高。

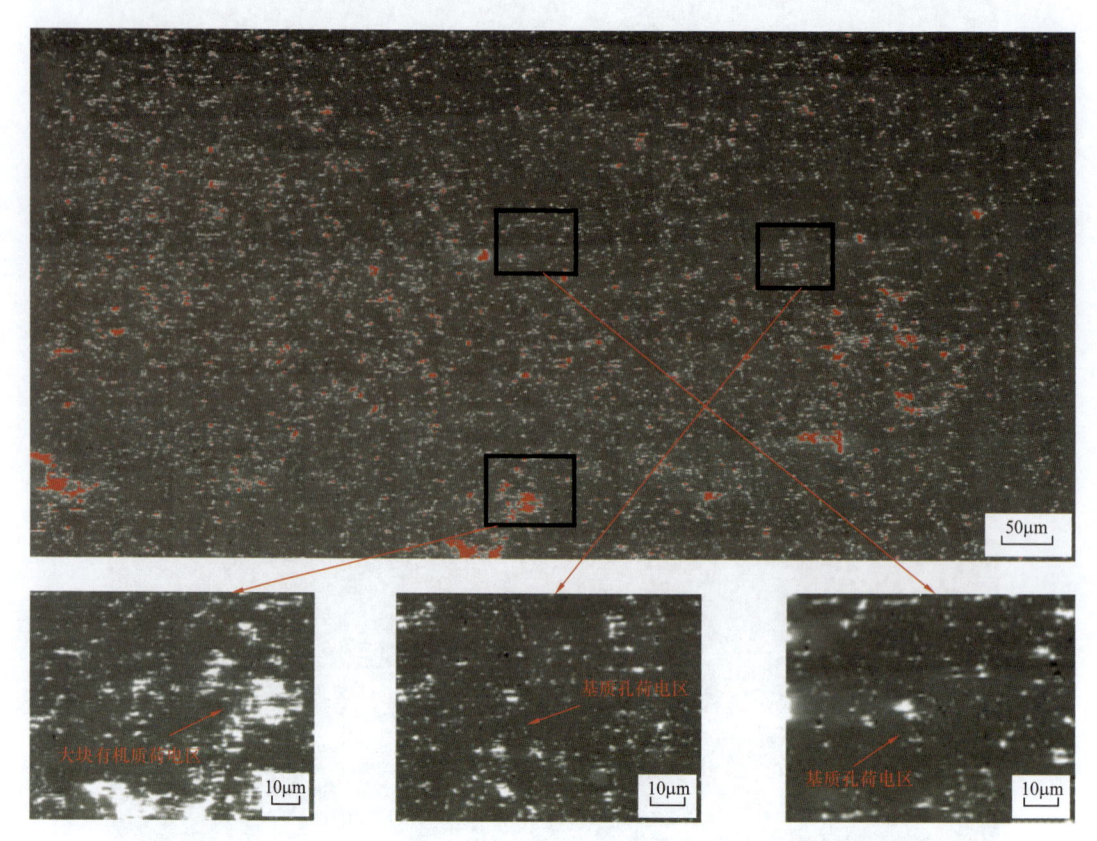

图7.10　松辽盆地长岭凹陷青一段荷电区页岩油宏观分布及局部放大图
（红色代表提取后的残留油区域）

综上所述，处于生油高峰的陆相页岩样品中的可动油主要以吸附、溶胀等形式聚集于干酪根内部、干酪根与矿物的粒间孔及临近储层孔隙中。4个地区页岩层系均具有强烈的非均质性，在甜点区均有较好的原油富集显示。其中，芦草沟组页岩源于混积岩特征，源储一体近源成藏，大量可动油填充在储集空间，是良好的页岩油甜点层；青一段页岩油呈零星状分布、长7_3亚段有机质与页岩油伴生分布，但均有大量黏土矿物粒间孔或微裂缝沟通，可形成较好页岩油排烃网络；孔二段页岩成熟度相对较低，但具有较高氢指数，有大量原油生成且富集于有机质网络中，储层厚度较大，具备规模开发潜力。原油荷电分布技术给出了可动油与孔隙、有机质条带的伴生情况，从而更好地揭示这部分原油的可动用性。进一步结合游离烃含量等有机地球化学数据得出4个地区页岩样品可动油占比分别如下：芦草沟组为5%～30%，长7₃亚段为15%～30%，孔二段为2%～10%，青一段为10%～25%。

7.4 储层可改造性评价

7.4.1 纵向非均质性表征

陆相沉积页岩层多、层薄，纵向非均质性极强，发育大量页理纹层等结构弱面，将其充分有效开启是提高裂缝复杂程度、增加泄油面积的关键。本书随机选取大量典型页岩样品进行大面积X射线荧光光谱（XRF）分析，获得各元素在样品表面沿沉积方向的分布特征（图7.11）。4个地区页岩在纵向上均呈现出显著分层特征，图像法统计芦草沟组、长7₃亚段、孔二段、青一段平均每米发育页理纹层数分别为90、107、93、71。样品测试结果显示，长7₃亚段页岩纵向非均质性最强，随机互层特征最为明显。

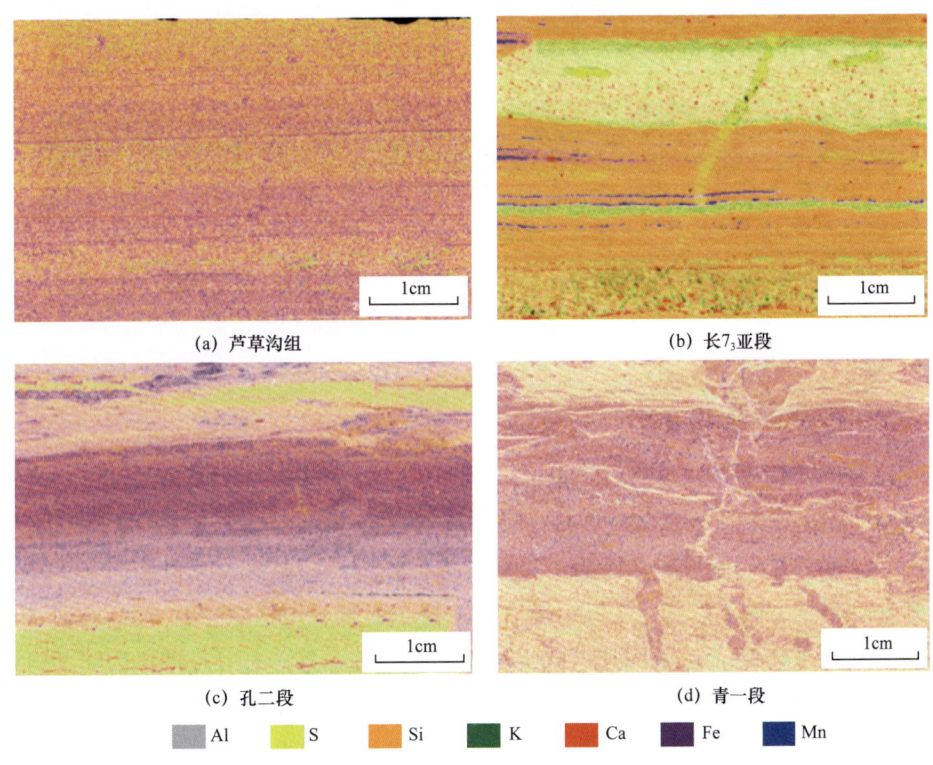

(a) 芦草沟组　　(b) 长7₃亚段

(c) 孔二段　　(d) 青一段

■ Al　■ S　■ Si　■ K　■ Ca　■ Fe　■ Mn

图7.11　芦草沟组、长7₃亚段、孔二段、青一段典型页岩样品XRF元素分布扫描结果

为进一步表征页岩样品纵向上的岩性差异，以前述纹层划分为基础，在各条带内随机选取区域进一步制样进行扫描电镜矿物定量（Qemscan）评价。以长7₃亚段1号样品为例，纵向上依据元素分布划分为5层（编号为A、B、C、D、E），在每层内随机制取样品进行矿物分析，扫描结果显示A层（厚度为4.1mm）主要矿物为碳酸盐岩类矿物（含量

为 67.2%；B 层（厚度为 13.6mm）矿物以黏土矿物为主（含量为 58.1%）；C 层（厚度为 21.5mm）优势矿物包括脆性矿物（含量为 48.3%）与碳酸盐岩类矿物（含量为 35.8%）；D 层（厚度为 6.4mm）矿物以脆性矿物为主（含量为 62%）；E 层则没有显著优势矿物，脆性矿物、碳酸盐岩类矿物、黏土矿物分别占比 43.6%、30.7% 和 25.7%，进一步证实了陆相页岩纵向非均质性特征。对该样品矿物组成按层厚进行加权平均，得到平均矿物组成分别如下：脆性矿物占比 42%，碳酸盐岩类矿物占比 30%，黏土矿物占比 28%（图 7.12）。

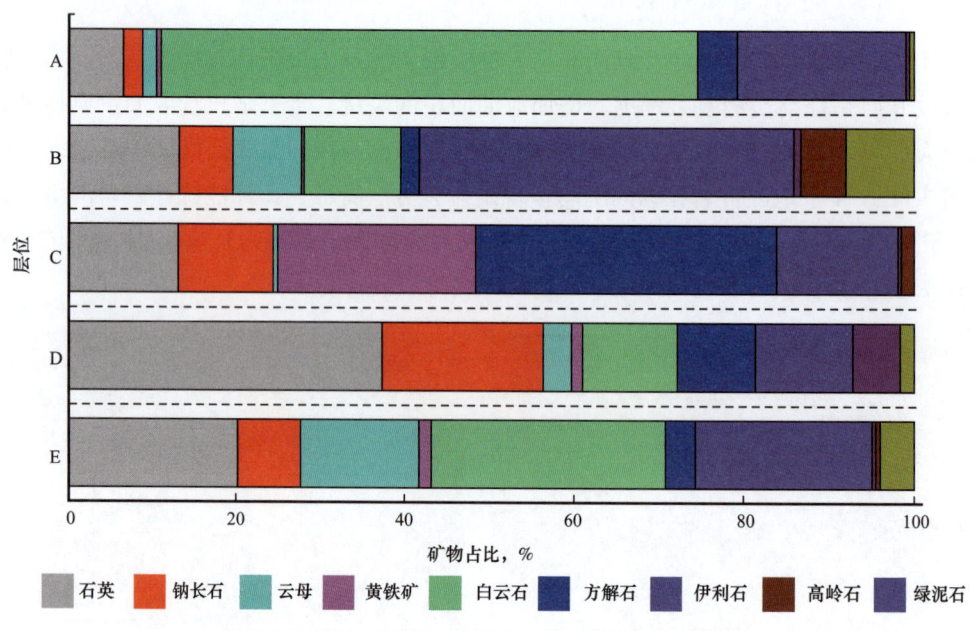

图 7.12 长 7_3 亚段 1 号样品各层矿物分布扫描结果

7.4.2 矿物组成评价

不同类型的矿物组分含量直接影响岩石脆性，是储层可改造性评价的重要指标。使用 X 射线衍射（XRD）方法分别对 4 个地区页岩样品进行全岩及黏土分析，并将矿物组分进一步划分为 3 类：第 1 类为脆性矿物，包括石英、长石、黄铁矿、云母等；第 2 类为碳酸盐岩类矿物，包括方解石、白云石等；第 3 类为黏土矿物，包括高岭石、蒙脱石、伊利石、绿泥石等。如图 7.13 所示，不同地区间页岩样品矿物组分差异显著。芦草沟组页岩样品脆性矿物占比主体分布于 40%～65%，黏土矿物含量较低（平均为 15.97%）；长 7_3 亚段页岩样品脆性矿物含量较高，占比为 40%～80%，黏土矿物含量也较高（平均为 30.65%）；孔二段页岩样品脆性矿物含量为 45%～60%，黏土矿物含量极低（平均为 13.91%）；青一段页岩样品 3 类矿物分布差异较大，但整体来看脆性矿物含量较低（平均为 44.89%），黏土矿物含量较高（平均为 39.52%），储层塑性较强。

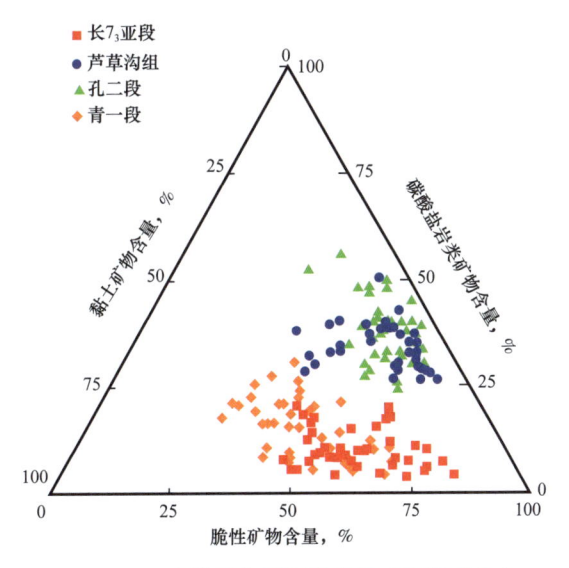

图 7.13　4 个地区典型页岩样品矿物组成分布

7.4.3　数值模型构建评价

以上述纹层划分与矿物表征为基础，对各层矿物分布进行随机重构得到岩心巴西圆盘数值模型。以长 7₃ 亚段 1 号样品为例，巴西圆盘试样的直径为 60mm、厚度为 30mm，模型按矿物分布划分为 5 层（编号为 A、B、C、D、E），为充分考虑矿物组成与纹层对造缝过程的影响，选择力的加载方向与水平纹层夹角为 45°，裂缝的生成与扩展过程如图 7.14 所示。

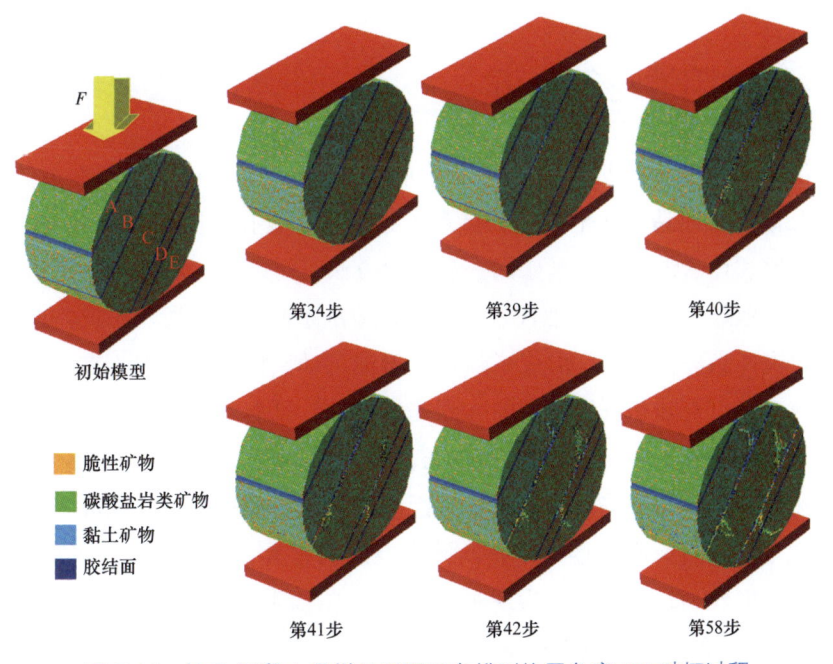

图 7.14　长 7₃ 亚段 1 号样品巴西圆盘模型纹层角度 45° 破坏过程

由于纹层强度较弱，如图 7.14 中第 34 至第 40 步所示，初始裂缝在 B—C、C—D、D—E 界面同时产生并不断扩展。随着载荷持续施加，裂缝在沿界面持续扩展（图 7.14 中第 41 步）的同时产生新的分支缝（图 7.14 中第 42 步），最终形成 3 条纹层缝和双"S"形两条岩石基质裂缝（图 7.14 中第 58 步）。岩石基质部分的裂缝主要产生于脆性矿物含量较高的 C 层、D 层、E 层中，黏土矿物含量较高的 B 层中的裂缝较短且形态相对简单，并且阻碍了裂缝向 A 层中扩展，A 层中无裂缝产生。陆相页岩随机互层特征对造缝过程产生了显著影响，页理纹层等结构弱面开启与扩张，并与主裂缝贯通，能够有效提升裂缝复杂程度，改善储层渗流条件。但纹层的开启会导致压裂液在近井地带滤失加剧，造成裂缝延伸受限，降低改造体积。同时，高含黏土矿物层对裂缝纵向延伸也有显著抑制作用。

进一步引入计盒维数来表征破坏裂缝的复杂程度，将其作为裂缝复杂性评价指标的量化值[15]。计盒维数是为了描述裂缝形态提出的一种分维描述法，反映岩石破坏裂缝对空间的占有程度，可以刻画岩石破坏裂缝的复杂性，其数值越大，裂缝越复杂。统计芦草沟组、长 7_3 亚段、孔二段、青一段样品巴西圆盘数值模型破裂的平均三维计盒维数分别为 2.601、2.554、2.647、2.419。4 个地区页岩样品以孔二段可改造性最佳，主要原因是其纹层相对发育且黏土矿物含量较低，样品在破裂过程中易于产生相对复杂的裂缝网络；与芦草沟组黏土矿物含量稍高且纹层分布略少，可改造性稍差于孔二段；长 7_3 亚段样品纹层最为发育，纹层开启显著提升裂缝系统复杂程度，但受限于黏土矿物含量偏高，黏土层裂缝形态较为单一，裂缝纵向延伸相对受限；青一段样品黏土矿物含量最高、纹层相对不发育，岩石破裂的复杂程度最低，可改造性差。

7.5 可动用性特征分析

本书提出了页岩油有效动用微观综合评价方法，主要包括储层有效性、储层含油性、原油可动性及储层可改造性 4 个方面，重点参数包括有效孔隙度、小于 20nm 孔径体积占比、可动油占比、计盒维数等。基于同一套评价方法，对准噶尔盆地吉木萨尔凹陷芦草沟组、鄂尔多斯盆地陇东地区长 7_3 亚段、渤海湾盆地沧东凹陷孔二段、松辽盆地长岭凹陷青一段共计 483 块样品进行研究，形成了陆相页岩油可动用性基本认识（表 7.3）。受限于取样井与样品数量，以及陆相页岩地层的强烈非均质性，可能难以覆盖全部类型与特征，但重在提供了一种微观综合评价与对比研究的方法与技术手段。

准噶尔盆地吉木萨尔凹陷芦草沟组呈现混积岩特征，源储一体近源成藏，与其他 3 个地区相比孔隙最为发育，有效连通性好。储集空间内有大量原油填充，可动油占比较高，储层改造复杂程度较高，是当前最为现实的开发对象。因原油黏度偏高，应重点攻关体积压裂与注气吞吐等提高采收率技术相结合的开发模式，有效提高原油流动性。

表 7.3 4 个地区页岩油可动用性对比分析

取样层位	储层有效性		储层含油性		原油可动性				储层可改造性
	有效孔隙度 %	小于 20nm 孔径体积占比, %	S_1+S_2 mg/g	TOC %	可动油占比 %	压力系数	气油比 m³/t	原油黏度 mPa·s	计盒维数
芦草沟组	0.8~3.7	77~94	15.3~52.3	1.1~9.5	5~30	1.1~1.3	10~20	50~120	2.553~2.648
长 7₃ 亚段	0.4~1.8	75~96	6.3~28.9	2.0~7.6	15~30	0.7~1.0	60~120	5~20	2.514~2.623
孔二段	0.5~2.6	83~97	16.1~78.7	2.3~8.8	2~10	1.0~1.8	50~130	10~100	2.549~2.721
青一段	0.3~1.4	60~86	8.0~22.9	1.7~4.5	20~25	1.0~1.5	50~100	10~200	2.377~2.492

注：S_1—游离烃量；S_2—干酪根烃量；TOC—总有机碳含量。

鄂尔多斯盆地陇东地区长 7_3 亚段与孔二段、青一段样品具有相似储集空间展布特征，孔隙有效性与连通性相对一般。长 7_3 亚段页岩地层压力系数较小，但可动油占比高，原油以轻质原油为主，气油比高、流动性好。黏土矿物含量虽较高，但页理纹层发育，仍有较好的可改造性，体积压裂过程应注重页岩结构弱面的充分改造与沟通，形成复杂裂缝网络并适当提高施工规模补充地层能量。同时建议重点关注长 7_3 亚段页岩原位转化技术规模应用可行性和经济性评价。

渤海湾盆地沧东凹陷孔二段样品孔隙有效连通性仅次于芦草沟组，且孔径分布优于其他 3 个地区，有利于原油运移。成熟度与可动油占比尽管相对较低，但仍有大量原油已经生成且富集于有机质网络。孔二段地层压力高，原油黏度适中，储层可改造性极佳，有望通过体积压裂实现规模效益开发。

松辽盆地长岭凹陷青一段样品成熟度较高，有机质大部分已转化为液态烃，可动油饱和度较高，且具备地层高压有利特征，资源潜力较大。但储层孔隙有效连通性差、孔径整体偏小，储集空间有效性明显差于其他 3 个地区。原油黏度偏高、储层塑性强，当前工程技术条件下效益动用难度较高，需开展高塑性储层增产改造技术及原油降黏提高采收率技术攻关，如研发低黏压裂液体系提高储层结构弱面开启效果、探索深部酸化增产技术以改善渗流条件等。

页岩油纳米尺度储集空间有效性、含油性、原油可动性、储层可改造性更为复杂，传统的储层分析手段不适用于页岩油。本书建立页岩油多尺度多参数可动用性综合评价技术系列，基于同一评价技术体系和相同实验测试条件对四大盆地页岩油岩心样品开展系统的实验测试，形成微观尺度下各盆地页岩油资源可动用性系统认识，为宏观尺度下页岩油资源潜力评价与开发工程设计提供指导。后续研究将进一步增加不同地区页岩油岩心样品分析样本数量，系统开展基于关键参数的跨尺度协同验证研究，继续完善对储层非均质性和页岩油赋存分布规律认识，形成我国陆相页岩油多参数综合评价表和对比图版。

参 考 文 献

[1] 赵文智, 胡素云, 侯连华, 等. 中国陆相页岩油类型、资源潜力及与致密油的边界[J]. 石油勘探与开发, 2020, 47(1): 1-10.

[2] 胡素云, 赵文智, 侯连华, 等. 中国陆相页岩油发展潜力与技术对策[J]. 石油勘探与开发, 2020, 47(4): 1-10.

[3] 杨智, 邹才能."进源找油": 源岩油气内涵与前景[J]. 石油勘探与开发, 2019, 46(1): 173-184.

[4] 杨雷, 金之钧. 全球页岩油发展及展望[J]. 中国石油勘探, 2019, 24(5): 553-559.

[5] 周庆凡, 金之钧, 杨国丰, 等. 美国页岩油勘探开发现状与前景展望[J]. 石油与天然气地质, 2019, 40(3): 469-477.

[6] Detournay E. Slickwater hydraulic fracturing of shales[J]. Journal of Fluid Mechanics, 2020, 886: 1-4.

[7] Middleton R S, Carey J W, Currier R P, et al. Shale gas and non-aqueous fracturing fluids: Opportunities and challenges for supercritical CO_2[J]. Applied Energy, 2015, 147: 500-509.

[8] 黎茂稳, 马晓潇, 蒋启贵, 等. 北美海相页岩油形成条件、富集特征与启示[J]. 油气地质与采收率, 2019, 26(1): 17-32.

[9] Cho Y, Eker E, Uzun I, et al. Rock characterization in unconventional reservoirs: A comparative study of Bakken, Eagle Ford, and Niobrara formations[C]//SPE Low Perm Symposium. OnePetro, 2016.

[10] 熊生春, 储莎莎, 皮淑慧, 等. 致密油藏储层微观孔隙特征与可动用性评价[J]. 地球科学, 2017, 42(8): 1379-1385.

[11] 王国亭, 贾爱林, 闫海军, 等. 苏里格致密砂岩气田潜力储层特征及可动用性评价[J]. 石油与天然气地质, 2017, 38(5): 896-904.

[12] Starnoni M, Pokrajac D, Neilson J E. Computation of fluid flow and pore-space properties estimation on micro-CT images of rock samples[J]. Computers & Geosciences, 2017, 106: 118-129.

[13] 孙亮, 王晓琦, 金旭, 等. 微纳米孔隙空间三维表征与连通性定量分析[J]. 石油勘探与开发, 2016, 43(3): 490-498.

[14] 柳波, 刘俊杰, 付晓飞, 等. 松辽盆地陆相页岩油地质研究方法与勘探评价进[J]. 地质与资源, 2001, 30(3): 239-248.

[15] 毛灵涛, 连秀云, 郝丽娜. 基于数字体图像三维裂隙的分形计算应用[J]. 中国矿业大学学报, 2014, 43(6): 1134-1139.